嵌入式系统开发实用丛书

手把手教你用 STM32CubeIDE

——基于 HAL 库的嵌入式开发

王 鹏 编著

北京航空航天大学出版社

内 容 简 介

本书的主要内容来自清华大学本科生的"嵌入式系统实践""计算机原理与应用"等课程的实验讲义,是针对STM32单片机初学者的入门教材,从STM32CubeIDE软件安装到工程构建,从HAL库常用函数到单片机各功能模块的使用,均基于实例进行了详细讲解。

与市面上大多数数据手册式教材完全不同,本书没有烦琐的原理和枯燥的寄存器结构,而是处处围绕例程展开,仅在案例中适当补充基本的原理知识。通过这种方式,让具备C语言编程基础的初学者迅速上手,快速地让硬件"跑"起来;然后,通过对例程的修改和功能拓展,逐步深入了解功能模块的特性。本书中还引入了Simulink来看波形,这类似于一个DIY的示波器,让学习者在无示波器的情况下,完成DAC及PWM等波形显示的实验。

本书适合STM32单片机初学者作为入门和进阶教材,也可作为电子信息、电气工程及自动化等专业的本科生、研究生以及电子工程师的参考用书。

图书在版编目(CIP)数据

手把手教你用STM32CubeIDE:基于HAL库的嵌入式开
发 / 王鹏编著. -- 北京:北京航空航天大学出版社,
2023.6

ISBN 978 - 7 - 5124 - 4081 - 4

Ⅰ. ①手… Ⅱ. ①王… Ⅲ. ①微控制器—系统开发
Ⅳ. ①TP368.1

中国国家版本馆CIP数据核字(2023)第067543号

手把手教你用STM32CubeIDE——基于HAL库的嵌入式开发

王 鹏 编著

策划编辑 陈守平 责任编辑 张冀青

*

北京航空航天大学出版社出版发行

北京市海淀区学院路37号(邮编100191) http://www.buaapress.com.cn
发行部电话:(010)82317024 传真:(010)82328026
读者信箱:goodtextbook@126.com 邮购电话:(010)82316936
北京雅图新世纪印刷科技有限公司印装 各地书店经销

*

开本:787×1 092 1/16 印张:13.25 字数:339千字
2023年6月第1版 2025年1月第4次印刷 印数:3 001~4 000册
ISBN 978 - 7 - 5124 - 4081 - 4 定价:58.00元

1. 编写缘起

笔者因工作上的需要,学习和使用嵌入式系统已有多年,在这期间,用过多个厂家多种类型的 MCU(MicroController Unit,微控制器)和 DSP(Digital Signal Processor,数字信号处理器)。使用中遇到问题,一开始会去查阅相关的书籍,后来更多地是从网上找资料,一般来说,芯片厂商提供的资料比较全面。譬如关于芯片中各模块的说明文档,芯片厂商提供的参考手册是最权威的。不过,动辄几千页的手册,很少有人会从头到尾"啃"一遍。不是因为它不重要,而是没有必要,尤其是对于初学者。如此一来,就应运而生了各类书籍和教程,其中相当一部分是针对初学者的,内容讲得很详细,一个模块接着一个模块,并且包含大量寄存器结构的内容,最终也成为一本厚厚的手册。

学习嵌入式系统,迅速上手的关键是,尽快让硬件"跑"起来;通过对例程的修改和功能的扩展,并结合芯片参考手册,逐步了解所用模块的特性。一定量的练习之后,就会积累若干的经验。因此,笔者认为一本给初学者用的教程,内容不应面面俱到,最好能围绕例程展开,在案例中适当补充基本的原理知识。

随着技术的发展,一些嵌入式芯片功能越来越强大,内部结构也变得相当复杂,面对众多的寄存器,传统的编程控制方式就显得相当烦琐。为了简化硬件模块配置方式、降低开发难度、缩短开发周期,针对芯片各功能模块,芯片厂商提供了大量的库函数,用户可以采用调用库函数的方式实现对硬件的操作。通常情况下,以这种方式编程,使用者,特别是初学者,可以不用了解太多的寄存器细节,只需熟悉库函数的调用格式和一些常用的库函数就可以实现对硬件的操作与控制。

意法半导体(STMicroelectronics,简称 ST)公司的 STM32 系列 MCU 采用的是 Arm(Advanced RISC Machine,一款 RISC 微处理器)核,并且具有丰富的外围功能模块。市场上介绍该系列 MCU 的书籍琳琅满目,从早期的寄存器编程,到库函数编程,再到现今流行的固件库编程。库函数由 ST 公司提供,用户结合第三方的集成开发环境进行开发。ST 公司于2019 年推出了自己的集成开发环境 STM32CubeIDE,采用的是 Eclipse 架构,很好地融合了Cube 固件库。相比于第三方开发环境,STM32CubeIDE 可以说是一站式集成开发环境。该软件较新,目前还缺乏相应的使用教程,编写本书的目的,是为使用该软件进行开发的初学者提供一本简易的参考教程。

2．本书特色

本书的主要特色如下：

① 本书硬件平台选用的是 STM32G4 系列单片机(板子为 ST 公司的 NUCLEO 开发板，自带仿真器，购买渠道多且价格便宜)，于 2019 年推出，是 ST 公司未来主推的主流产品；目前尚缺乏针对 G4 的教材。

② 本书软件平台采用 ST 公司的 STM32CubeIDE，于 2019 年推出；相比于第三方开发环境，STM32CubeIDE 可以说是一站式集成开发环境。由于该软件较新，目前还缺乏相应的使用教材。

③ 本书中完整地给出了在硬件平台上 DIY"示波器"的全过程(采用 Simulink)，学习者在无示波器的情况下也可方便实现需要波形显示的实验(DAC、PWM 及信号处理等)。这种方式非常适合线上或线上与线下融合的教学模式，也适合嵌入式电子爱好者自学。

本书选用的硬件、软件平台新且为未来主流；本书以实例展开，融入了若干新元素，并从实战出发，避免了传统教科书模式的枯燥与烦冗，更适合初学者入门进阶。

3．章节内容

本书的主要内容安排如下：

第 1 章为 STM32CubeIDE 的使用，通过点亮一个发光二极管的实例，介绍如何从零开始用 CubeIDE 建立一个 STM32 工程，以此来熟悉 CubeIDE 开发环境。第 2 章是在第 1 章基础上实现对 8 个发光二极管的流水灯控制，从而进一步熟悉软件、硬件开发平台。第 3 章介绍GPIO 作为输入，控制发光二极管和蜂鸣器。第 4 章引入外部中断，用中断方式实现按键识别以及对发光二极管和蜂鸣器的控制。通过这 4 章，应该能基本掌握使用 CubeIDE 的开发过程。

第 5～9 章分别介绍串行通信、定时器、ADC 和 DAC 的使用。第 5 章介绍串口的中断接收和发送。第 6 章介绍如何使用定时器的中断、PWM 波形的输出和输入捕捉。第 7 章介绍 ADC 模块的使用，除了中断方式外，还介绍了用 DMA 实现 ADC 采样值到串口的数据传送。在串口接收中，引入了 Simulink 显示波形，这类似于一个 DIY 的示波器。第 8 章介绍用 DAC模块产生模拟信号的例子。第 9 章构建包含 ADC 和 DAC 的测量系统，并通过串口将 ADC 采样数据送出，在计算机上用 Simulink 显示波形。

4．使用方法

学习嵌入式系统，案例学习和随后的大量自主练习是关键。本书从第 1 章开始，就以案例展开。读者拿到本书，准备好基本的硬件、软件环境后，即可开始学习之旅。从点亮发光二极管开始，到 GPIO 控制、中断、串口通信、定时器、ADC、DAC 和 DMA 等功能模块，越到后面，用到的功能模块就越多，可以说是层层深入；到最后，基本是对所有主要功能模块的综合使用。用熟、用好这些功能模块，离不开大量的练习和针对软件、硬件的"实操"。本书各章节均设置了若干练习题目，有些题目有一定的挑战度，希望读者能在完成各章案例学习的基础上逐一完成这些习题。

在各章节的案例中,大都以新建工程的方式展开,并列出了相对完整的硬件配置步骤。有些地方看似重复,实则是考虑到读者(尤其是初学者)参考时的方便性。此外,有些章节(如第 2~4 章)还用到了扩展电路板,主要是用到了其上的蜂鸣器、多个按键和多个发光二极管。在学习中,此扩展电路板非必需,有需要的读者可以参考相关章节或附录中给出的电路原理图,自行制作。

5. 提供资源

为方便读者学习,本书还提供了各章节案例的代码或电子版数据,以及部分习题的参考代码。读者可以登录北京航空航天大学出版社的官方网站,选择"下载专区"→"随书资料"下载本书配套的代码和习题答案;还可以关注公众号"北航科技图书",回复"4081"获取;此外,还可以关注微信公众号"GDLAB",搜索本书所涉及的电子版资料以及配套扩展电路板的资料。

感谢清华大学电机系教学委员会对本书编写工作的支持,感谢朱小梅老师和微机教研组全体同事的帮助。最后,还要特别感谢北京航空航天大学出版社陈守平老师的指导和建议。

由于编者水平有限,错误之处在所难免,恳请读者批评指正,相关建议可以发送至邮箱:wpeng@mail.tsinghua.edu.cn。

编　者
2023 年 2 月

目　　录

第1章 STM32CubeIDE 的使用

本章以点亮一只发光二极管为例,熟悉使用 STM32CubeIDE 开发 STM32 MCU 程序的过程。

STM32CubeIDE 是 ST 公司针对 STM32 系列芯片的集成开发环境,本章采用的版本是 1.10.1。本章采用的开发板是 ST 公司的 NUCLEO - G474RE,板上的 MCU 型号为 STM32G474RET6,属于 STM32G4xx 系列。

>>> 1.1 启动 STM32CubeIDE

启动 STM32CubeIDE,首先将会出现图 1.1 所示的欢迎界面。

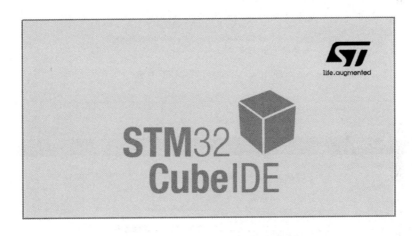

图 1.1 STM32CubeIDE 的欢迎界面

随后,会显示启动(Launcher)界面,如图 1.2 所示。图中的 Workspace 文本框是让用户选择在计算机中放置工作空间的地址,用于存放工程文件;勾选 Use this as the default and do not ask again 前的选择框,可将所选择的地址作为默认地址,以后启动时就不再弹出图 1.2 所示的界面。Recent Workspaces 是指最近建立或访问过的工作空间。如果有的话,点击后就可以看到。上述参数设置完毕后,单击界面右下的 Launch 按钮,即可启动 STM32CubeIDE,如图 1.3 所示。

启动过程结束后,会弹出图 1.4 所示的 STM32CubeIDE 主界面。

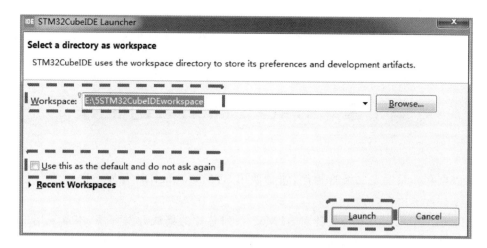

图1.2　STM32CubeIDE 的启动界面

图1.3　启动 STM32CubeIDE

图1.4　STM32CubeIDE 的主界面

图1.4中显示了STM32CubeIDE的一个欢迎页面,该页面为信息中心(Information Center),可以从该页面建立新工程(Start new STM32 project)或导入已有工程(Import project);单击虚线框中的"×",该页面将会关掉,然后通过 STM32CubeIDE 菜单栏建立新工程。

1.2 建立新工程

1.2.1 建立 STM32 工程

在 STM32CubeIDE 的主界面中,打开主菜单 File 选择 New→STM32 Project 命令,就可以建立一个新的 STM32 工程,如图 1.5 所示。

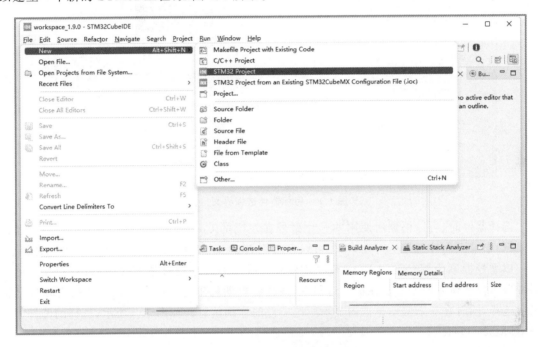

图 1.5 建立一个新的 STM32 工程

选择 STM32 Project 之后,会显示如图 1.6 所示的初始化目标选择器进度框。这个过程实际上是调用 STM32 各系列芯片的信息。在这个初始化的过程中会弹出图 1.7 所示的下载选择文件(Download selected Files)的进度框(初次启动 STM32CubeIDE 才有),用于连接 HTTP 服务器。如果网络连接正常,这个过程很快就会完成。

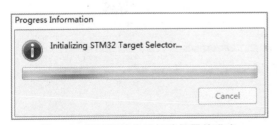

图 1.6 显示初始化目标选择器的进度

图 1.7 显示连接 HTTP 服务器的进度

1.2.2 选择目标器件

目标选择器初始化过程结束后,会弹出图 1.8 所示的目标器件选择(Target Selection)界面。从这个界面中,可以选择项目工程所用的具体器件。

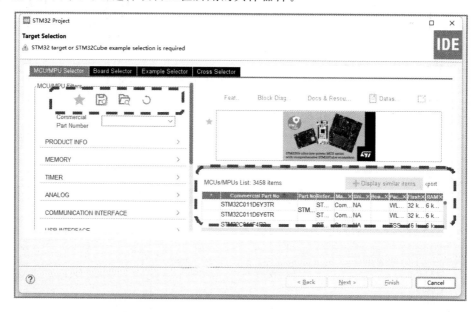

图 1.8 目标器件选择界面(1)

选择器件时,可以根据所使用的芯片型号在左侧的 Commercial Part Number(简称器件搜索框)中输入器件型号进行搜索,也可以在右侧 MCUs/MPUs List 中根据芯片型号选择。

以型号搜索为例,NUCLEO - G474RE 板上所用的芯片型号是 STM32G474RET6,可在器件搜索框中输入该型号。在输入过程中,系统会自动列出包含已输入信息的所有器件名称以供选择,同时在右下侧信息框内显示所选器件的详细信息。如图 1.9 所示,选择的器件型号是 STM32G474RET6。

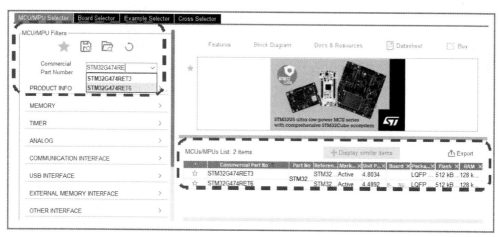

图 1.9 目标器件选择界面(2)

在图 1.9 中根据型号找到所用芯片,然后在右下侧列表项中选中该芯片,如图 1.10 所示。

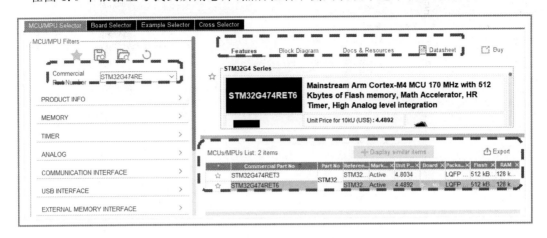

图 1.10 选中具体的芯片

如果在器件搜索框内输入完整的器件型号,在 MCUs/MPUs List 中就会出现唯一一行对应该型号芯片的信息。

一旦选中了具体的器件,在该界面上方就可以查看该芯片的特性参数(Features)、框图(Block Diagram)、文件和资源(Docs & Resources)以及数据手册(Datasheet)。如果想要查看具体文件,系统会连接网络,从 ST 网站上下载。譬如,单击 Datasheet,则会弹出图 1.11 所示对话框,从 ST 网站上下载该器件的数据手册。

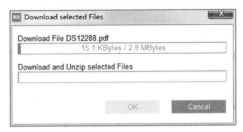

图 1.11 下载数据手册

1.2.3 设置工程参数

目标器件选择完成后,单击图 1.8 所示界面中右下侧的 Next 按钮(在上述器件选择步骤完成后,该按钮才允许单击),会弹出 STM32 工程建立(Project Setup)界面,如图 1.12 所示。

在工程建立界面中,需要给所建立的工程命名。图 1.12 中,将所建立的工程命名为 ex_led_ch1;Options 选项中保持默认设置:目标语言选择 C,二进制类型选择 Executable(可执行的),目标工程类型选择 STM32Cube。然后单击 Next 按钮,弹出图 1.13 所示固件库(Firmware Library Package Setup)设置界面。

从图 1.13 中可以看出,IDE 选择的固件库为 STM32Cube FW_G4,版本为 V1.5.0。固件库包可提前从 ST 网站上下载放到计算机某一目录下。此处该固件库包放置路径为 C:\Users\xxx\STM32Cube\Repository(xxx 为计算机用户名)。这个目录是默认目录(建议使用该默认目录)。

图 1.13 所示界面中固件库包的存放位置不可修改。如果要修改,必须在工程建立过程结束后,打开 IDE 主菜单 Window,选择 Preferences 命令,在显示的界面中选择 STM32Cube→Firmware Updater,方可修改固件库包的存放目录。只有在关闭硬件配置文件后才允许此操

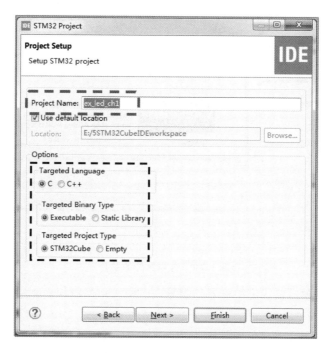

图 1.12　工程建立界面

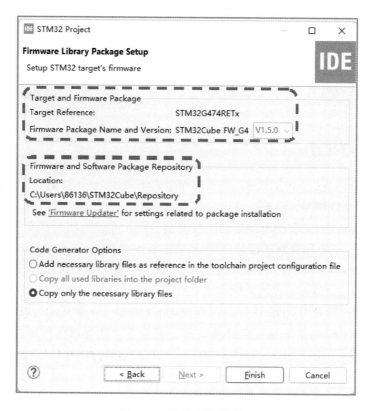

图 1.13　固件库设置界面

作。硬件配置文件就是后缀为.ioc 的文件,本例中是 ex_led_ch1.ioc,即随后出现的 STM32CubeMx 界面。

1.2.4　硬件功能模块配置

单击图 1.13 中的 Finish 按钮会弹出一个提示框(见图 1.14),询问是否进入 STM32CubeMx 界面。在 STM32CubeMx 界面中可以完成对 MCU 各硬件功能模块的配置。

图 1.14　提示是否进入硬件配置界面

在图 1.14 中,单击 Yes 按钮会显示一个初始化硬件配置过程的进度条,然后就会启动项目工程的建立过程。工程建立过程结束后会出现如图 1.15 所示的名为 ex_led_ch1.ioc 的硬件配置界面,其中 ex_led_ch1 为所建立的工程名。此硬件配置(.ioc)界面也可以随时从图 1.15 左侧的工程文件列表中打开,即双击文件 ex_led_ch1.ioc。

图 1.15 中,打开器件引脚及配置(Pinout & Configuration)选项卡,可以配置引脚功能等参数。除此之外,还有时钟配置(Clock Configuration)页面,用于完成对系统时钟以及 ADC 等功能模块时钟的配置。具体如何配置时钟,本章后面会有介绍。

本章的任务是点亮 NUCLEO - G474RE 板上的一只发光二极管,并以此为例讲解硬件配置过程和 IDE 的使用方法。

在 NUCLEO - G474RE 板上,有一个用户可控的发光二极管(LD2)。在硬件上,该发光二极管的亮灭是由 MCU 的 PA5 引脚控制的(这是由 NUCLEO - G474RE 板的电路决定的)。PA5 引脚输出高电平时 LD2 点亮,输出低电平时 LD2 熄灭。

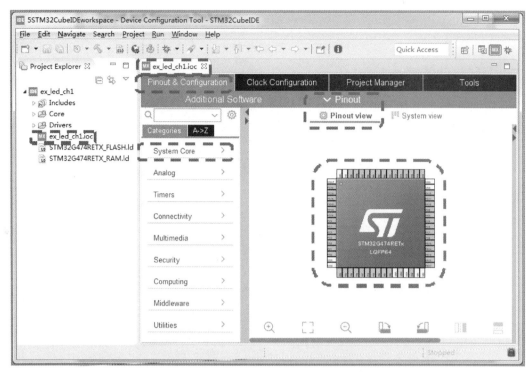

图 1.15　ex_led_ch1.ioc 的硬件配置界面

1. 配置 GPIO

首先介绍如何配置 PA5。

因为 STM32 芯片的很多引脚都是功能复用的,所以在使用这些引脚时需要在多个功能中选择其中一种。

在图 1.15 所示界面中,给出了 STM32G474RE 芯片的外形图,四周都是引脚。用放大工具将该图放大后(进入 Pinout view 界面,用鼠标中间的滚轮即可放大或缩小,或者单击图 1.16 中的放大、缩小工具),可以找到 PA5 引脚;单击 PA5 引脚,会弹出图 1.16 所示选项列表。

图 1.16 中的选项列表是用来选择 PA5 功能的。

由于 NUCLEO-G474RE 板在硬件上将 PA5 用于驱动一个发光二极管,所以选择 PA5 的功能为输出(GPIO_Output)。选择完毕后,可以看到 PA5 的颜色会改变,并且出现 GPIO_Output 字样,如图 1.17 所示。

单击图 1.15 中位于界面中部的 System Core,会显示芯片内核中几种主要模块的模式(Mode)与配置(Configuration)界面,如 DMA、GPIO、IWDG、NVIC、RCC、SYS 等。再单击其中的 GPIO,会在右侧出现图 1.17 中所配置引脚的更详细的信息。由于此处仅配置了 PA5,所以在该界面中只有关于 PA5 的一行信息。选中该行(PA5)后的复选框,就会在下面出现PA5 引脚的具体配置信息,其中包括初始时的 GPIO 输出电平、GPIO 模式、GPIO 上拉/下拉、最大输出速度以及用户标识。图 1.18 所示为 GPIO 的模式与配置。

在图 1.18 中,可以修改 PA5 的所有配置信息,也可先按图中给出的参数进行配置。例如图 1.18 最下侧参数"User Label",是 PA5 引脚的用户标识,可以先随意起个名字,在后面写代

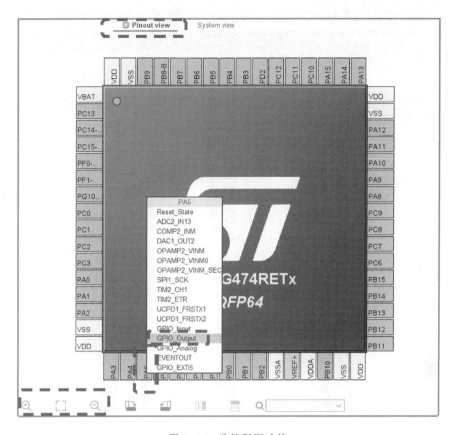

图 1.16　选择引脚功能

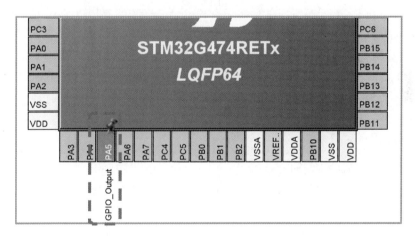

图 1.17　选择引脚功能为 GPIO_Output

码的时候可以用它来代表 PA5。此处,图中将之命名为 LED。

2. 配置 RCC

接下来,介绍如何配置 RCC(Reset and Clock Control,复位和时钟控制)参数。

单击 System Core→RCC,会显示 RCC 的模式与配置界面。在模式(Mode)区,高速外部时钟(High Speed External Clock,HSE))选择 Crystal/Ceramic Resonator,就可以使用 NU-

图 1.18 GPIO 的模式与配置

CLEO - G474RE 板上的 24 MHz 晶体(板上的器件标识为 X3)了。这是外接的高速时钟。选择 Crystal/Ceramic Resonator 后,在配置(Configuration)区的 GPIO Settings 中就会出现连接时钟晶体的引脚 PF0 - OSC_IN 和 PF1 - OSC_OUT 的信息。在右侧的芯片引脚图中,这两个引脚也会显示出来。RCC 的模式与配置界面如图 1.19 所示。

STM32 中的时钟配置非常灵活,在图 1.19 中,还有多个关于时钟的配置参数,暂时还用不到,在此先不做进一步的说明。当前,在图 1.19 中只是配置了 HSE 时钟,启用了 PF0 和 PF1,作为时钟的引脚。

3. 配置 SYS

SYS 的模式与配置(SYS Mode and Configuration)界面中是一些有关系统的配置参数,如调试(Debug)的方式、系统唤醒模式的选择、时间基准的选择等。本例中,只选择了调试方式,其下拉列表框中有常用的 JTAG、串行线(Serial Wire)等选项。由于使用的是 NUCLEO - G474RE 板上自带的调试器,故选择 Serial Wire 即可。其他参数采用默认值。SYS 模式与配置界面如图 1.20 所示。

4. 配置系统时钟

接下来,介绍系统时钟的配置。

单击图 1.19 中的 Clock Configuration 标签页,会显示关于 STM32 的详细时钟配置图,也称时钟树。由于完整的时钟配置图中包含的内容很多,为了清晰起见,图 1.21 只给出了局部信息。

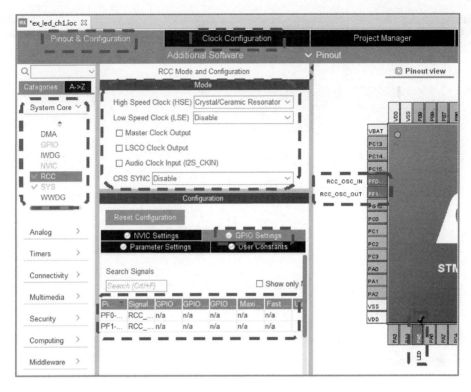

图 1.19 RCC 的模式与配置

SYS Mode and Configuration		
Mode		
Debug	Serial Wire	
☐ System Wake-Up 1		
☐ System Wake-Up 2		
☐ System Wake-Up 4		
☐ System Wake-Up 5		
Power Voltage Detector In	Disable	
VREFBUF Mode	Disable	
Timebase Source	SysTick	
☑ save power of non-active UCPD - deactive Dead Battery pull-up		

图 1.20 SYS 的模式与配置

由于本例中仅使用 HSE 作为时钟,所以在此只介绍 HSE 相关的时钟配置。如前所述,HSE 指的是高速外部时钟信号,是需要外接时钟器件的,在 NUCLEO - G474RE 板上用的是 24 MHz 的晶体。

图 1.21 中,在 HSE 左侧有一个可修改的框,上面写着"输入频率"(Input Frequency),下面有"4 - 48 MHz"字样,也就是说,外接 HSE 时钟源的频率范围是 4~48 MHz。在此框内可以写入实际外接时钟晶体的频率值。由于 NUCLEO - G474RE 板上用的是 24 MHz 晶体,所以在此框内需输入 24。随后,可以使能时钟系统中的锁相环(PLL)。在 HSE 右侧的 PLL 源

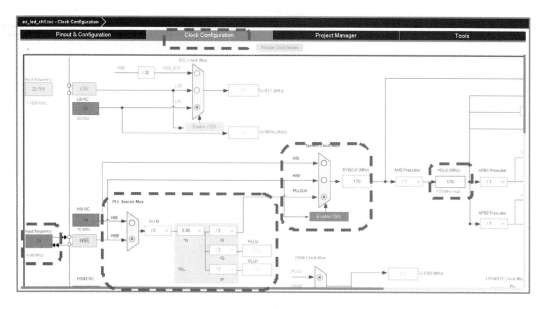

图 1.21　时钟配置图

多路选择器(PLL Source Mux)中,选中下部的 HSE,在右侧的系统时钟多路选择器(System Clock Mux)中,将系统时钟源选为 PLLCLK(最下侧的那个选项)。然后设置锁相环参数中的 PLLM 为"/6",N 为"×85",R 为"/2"。设置好以后,系统时钟(SYSCLK)的频率即为 170 MHz,如图 1.22 所示。

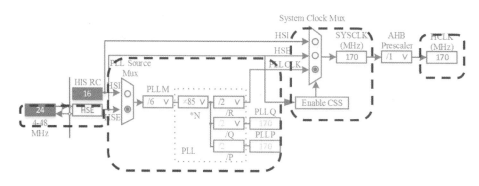

图 1.22　配置系统时钟

图 1.22 中,通过配置锁相环参数,设置了系统时钟为 170 MHz。这个频率也是 NU-CLEO-G474RE 板 MCU 的最高时钟频率,当然,也可以不将时钟频率设置为最高频率。此时,可以直接修改图 1.22 中最右侧的 HCLK 框内的数值,修改后按回车键,锁相环的系数就会根据所设置的频率值自动调整(有时可能无法自动调整)。

1.2.5　启动代码生成功能

系统时钟配置完毕后,保存 ex_led_ch1.ioc 文件。

如图 1.23 所示,打开主菜单 Project 选择 Generate Code 命令,此时会弹出图 1.24 所示的对话框。在该过程中,系统会将上面所配置的信息自动转换成代码。

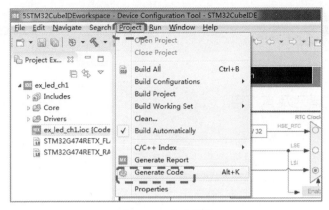

图 1.23　生成代码

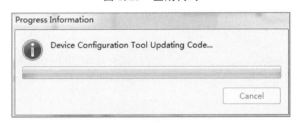

图 1.24　代码生成进度显示

如图 1.25 所示,展开工程界面左侧浏览条目中的 Core→Src,其中的 main.c 就是自动生成代码的主程序。双击,可打开 main.c 程序代码。

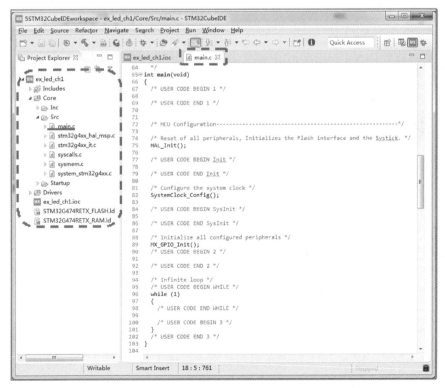

图 1.25　查看自动生成的 C 代码

1.3 修改代码

1.3.1 代码中注释对及其作用

查看 main.c 文件会发现主程序中有很多/* …… */，此为注释语句。在程序编译时，这些注释语句是不会被编译的，而且这些注释基本都是成对出现的。譬如，在 main 函数的最后有个 while(1)语句：

```
/* Infinite loop */                    //提示如下代码为无限循环
/* USER CODE BEGIN WHILE */            //提示 while 中的用户代码段开始
while(1)
{
    /* USER CODE END WHILE */          //提示 while 中的用户代码段结束
    /* USER CODE BEGIN 3 */            //提示用户代码段 3 开始
}
/* USER CODE END 3 */                  //提示用户代码段 3 结束
```

上面这段代码中，第一行的注释语句/* Infinite loop */提示下面是一个无限循环。后面紧跟着的是两对注释：

```
/* USER CODE BEGIN WHILE */
……
/* USER CODE END WHILE */
```

和

```
/* USER CODE BEGIN 3 */
……
/* USER CODE END 3 */
```

在这两个注释对中，都明确说明了这是用户代码的开始（USER CODE BEGIN）和结束（USER CODE END）的位置。此为提示信息，提示编程者把代码写在这对注释语句之间。

代码不写在注释对之间，难道就不能正常编译吗？当然不是。如果不再修改硬件配置，不重启代码自动生成，将添加的代码写在哪里都不会有影响。但是，如果要修改.ioc 文件，也就是修改硬件配置参数后重新生成代码，那么凡是没有写在注释对之间的用户代码都会被删除。在实际开发过程中，修改硬件的配置参数是不可避免的，所以在写代码或修改代码时，一定要将它们放置在这些注释对中。

1.3.2 初始化函数

下面来看 main 函数中 while 语句之前的几个子函数。为清晰起见，先删除用于提示写入用户代码的注释对语句。

去掉注释对语句后，图 1.25 中的 main 函数代码如下：

```
int main(void)
{
    HAL_Init();                          //复位外设、初始化 Flash 接口和时钟基准等
    SystemClock_Config();                //配置系统时钟
    MX_GPIO_Init();                      //初始化外设
    while (1)
    {
    }
}
```

上述 main 函数代码中有三个子函数。这些子函数都是关于硬件配置的,也是前面配置完引脚、时钟等硬件参数后 STM32CubeIDE 自动生成的代码。

HAL_Init()函数用于配置存储器(Flash,RAM)、时钟基准及与中断相关的功能。该函数在 stm32g4xx_hal.c 文件中有定义。这个文件在 ST 公司提供的库函数中,也就是在从 ST 网站上下载的 STM32Cube 中;对于 G4 系列 MCU 来说,就是 STM32Cube_FW_G4_Vxxx (xxx 是该固件库的版本号)。

在图 1.25 所示界面中,当把光标移到 HAL_Init()上时,会显示该函数的简单介绍。

如果要查看该函数的具体实现代码,可采用图 1.26 所示方法。将光标移至该函数,右击,在弹出的快捷菜单中选择 Open Declaration,即可打开 stm32g4xx_hal.c 文件,然后定位到 HAL_Init()函数的声明处。

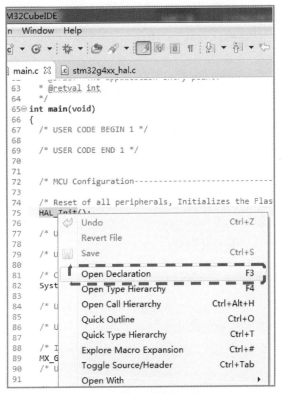

图 1.26　查看函数声明

函数名中的"HAL"指的是硬件抽象层(Hardware Abstract Level),就是前面所说的固件库。HAL_Init()函数会在系统复位后首先被调用,通常放到 main 函数的最开始处(时钟配置函数之前)。

默认情况下,系统定时器(Systick)会被用作时钟基准源(见图 1.20 中的 SYS 参数配置),Systick 的时钟源为 HSI 时钟。HSI 是指高速内部时钟(High-Speed Internal Clock Signal),是在片内的。虽然在前面没有配置 HSI 时钟的任何参数,但在系统复位后 Systick 所使用的时钟源会默认为 HSI。Systick 比较实用,在本章的例子中,会用延时函数给出一个确定时间的延时,用的基准就是 Systick。

STM32 中的中断称为 NVIC(Nested Vectored Interrupt Controller),即嵌套式向量中断控制器。STM32 的 NVIC 比较有特色,内容也较多,关于 NVIC 的具体内容,在后面介绍中断时再详细展开。

SystemClock_Config()函数是用于配置系统时钟的,该函数就在 main.c 文件中被声明,通常在 main 函数之后。前面通过时钟树的界面配置了外部高速时钟(HSE),并且使用了锁相环(PLL),所做的这些配置在 SystemClock_Config()函数中都有体现。具体时钟参数的细节,可以将该函数的实现与前面的硬件配置进行对比。

在 main 函数中,另一个重要的子函数是关于 I/O 引脚配置的,即 MX_GPIO_Init()函数,其声明也是在 main.c 文件中给出。

由于在前面仅配置了 PA5,所以在 MX_GPIO_Init()函数中主要是针对 PA5 的配置信息,如初始电平、模式、上拉/下拉等。

```
static void MX_GPIO_Init(void)
{
    GPIO_InitTypeDef GPIO_InitStruct = {0};
    /* GPIO Ports Clock Enable */              //使能时钟
    __HAL_RCC_GPIOF_CLK_ENABLE();
    __HAL_RCC_GPIOA_CLK_ENABLE();
    /* Configure GPIO pin Output Level */      //设置初始状态
    HAL_GPIO_WritePin(LED_GPIO_Port, LED_Pin, GPIO_PIN_SET);
    /* Configure GPIO pin : LED_Pin */         //配置引脚模式、上拉/下拉、速度
    GPIO_InitStruct.Pin = LED_Pin;
    GPIO_InitStruct.Mode = GPIO_MODE_OUTPUT_PP;
    GPIO_InitStruct.Pull = GPIO_PULLUP;
    GPIO_InitStruct.Speed = GPIO_SPEED_FREQ_HIGH;
    HAL_GPIO_Init(LED_GPIO_Port, &GPIO_InitStruct);
}
```

由于 STM32 的 I/O 及其他功能模块的时钟都可以进行灵活配置,所以在配置 I/O 时要首先使能其时钟。例如语句__HAL_RCC_GPIOA_CLK_ENABLE(),就是使能端口 A(GPIOA)的时钟。

从上面的代码中还可以看到,在 MX_GPIO_Init()中还有一行时钟使能语句:

```
__HAL_RCC_GPIOF_CLK_ENABLE()
```

该语句是用于使能 GPIOF 端口的时钟。

本例中仅仅用了 PA5,涉及的只是 GPIOA,使能端口 A 的时钟不就足够了吗?为什么还要使能端口 F 的时钟呢?实际上,HSE 高速外部时钟需要从外部引入,所用的引脚就来自端口 F,用的是 PF0 和 PF1,所以在 GPIO 初始化时,也需要使能 GPIOF 的时钟。

1.3.3　添加用户代码

至此,硬件配置基本完毕,下面就可以开始编写用户代码了。

由于任务是用 PA5 点亮 NUCLEO - G474RE 板上的 LD2,为实现这一功能,可以在 main 函数的 while(1)循环中加入一语句,使 PA5 输出状态翻转(Toggle):

```
HAL_GPIO_TogglePin(GPIOA, GPIO_PIN_5)
```

HAL_GPIO_TogglePin 函数有两个参数:第一个参数是端口,第二个是具体的引脚号。由于用的是 PA5,属于端口 A,即 GPIOA,引脚号为 5,就是 GPIO_PIN_5(在库函数文件 stm32g4xx_hal_gpio.h 中有定义)。

在图 1.18 中配置参数时,PA5 的用户标识(User Label)为 LED。该名称在编写代码时有什么作用呢?先来看一下这个名称在自动生成的代码中是如何使用的。可以在 main.c 文件中找到 #include main.h 语句,右击,在弹出的快捷菜单中选择 Open Declaration 就会打开 main.h 文件,从中可以找到如下两条语句:

```
#define LED_Pin GPIO_PIN_5
#define LED_GPIO_Port GPIOA
```

#define 是一种宏定义,是预处理命令(采用这种宏定义的方式可以提高代码可读性)。define 宏定义的格式如下:

```
#define 标识符 字符串
```

其中,标识符是指宏名称;字符串可以是常数,也可以是表达式等。通过这种宏定义,可以用很直观的宏名称来表示具体的数字或含义不是那么直观的表达式。

在上面两条语句中,将 GPIO_PIN_5 定义为 LED_Pin,将 GPIOA 定义为 LED_GPIO_Port。前面给 PA5 端口起了 LED 这个标识(User Label),通过 define 宏定义后,LED_Pin 就表示 PA5 的引脚号,LED_GPIO_Port 表示 PA5 所属的端口。

此外,像如下语句:

```
#define GPIO_PIN_5  ((uint16_t)0x0020)
```

表示将 GPIO_PIN_5 定义为一个数据类型为 uint16_t 的十六进制无符号数 0x0020。这样定义后就可以用 GPIO_PIN_5 代表具体的数字 0x0020,用来表示第 5 个端口(0x0020 用二进制格式表示时低 8 位为 0010 0000,最右侧为第 0 位,往左第 5 位为 1)。

基于这两个 define 宏定义,可以将实现 PA5 状态翻转的语句修改如下:

```
HAL_GPIO_TogglePin(LED_GPIO_Port, LED_Pin)
```

修改后,与上面的语句功能完全一样。这有什么好处呢?不是完全一样吗?的确,这两个语句所完成的功能是完全一样的。不过,在这个例子中,只是采用了一个 GPIO,如果使用了多个功能各异的 GPIO,分别给它们起个有意义的名字,则会在一定程度上增强代码的可读性。

此外,要想看到闪烁效果,还需要加延时函数。若不加延时,则亮灭状态切换太快,人眼根本分辨不出来。延时函数可以采用库函数中提供的 HAL_Delay 函数:

```
HAL_Delay(500);
```

HAL_Delay 函数采用的是 SysTick 定时器,参数 500 的单位是毫秒(ms)。

1.3.4　如何查找所需要的 HAL 库函数

HAL_GPIO_TogglePin() 和 HAL_Delay() 都是 STM32Cube 固件库提供的函数。对于初学者来说,可能事先并不知道固件库都提供了哪些函数,该怎么办呢? 其实,对初学者来说,开始只要记住一些模块的常用函数就可以了。等到对开发环境和固件库有了更进一步的了解之后,再按图索骥,查找想要的函数。

在后面章节的例子中,会介绍 STM32 中各个主要模块常用的库函数,也会介绍查找固件库所提供的库函数的方法。

此外,STM32CubeIDE 采用的是 Eclipse 架构,具有代码自动提示功能(content assist)。譬如,写代码时,在文件中输入 HAL 后按组合键 Alt+/,就会开启代码自动提示功能。系统会自动显示以 HAL 打头的固件库函数。由于库函数大都以 HAL 打头,所以会显示出来很多,选择起来并不方便。

当然,在了解 HAL 库函数的命名规则后,为了节约查找时间,可以在输入更多的信息之后,再启动代码自动提示功能。譬如,可以在输入 HAL_GPIO_ 之后启动自动提示功能,这样就可以在 GPIO 相关的函数中进行选择。由于与 GPIO 相关的函数不是很多,所以这个过程比较快捷。图 1.27 中,显示了所有以 HAL_GPIO_ 打头的库函数。

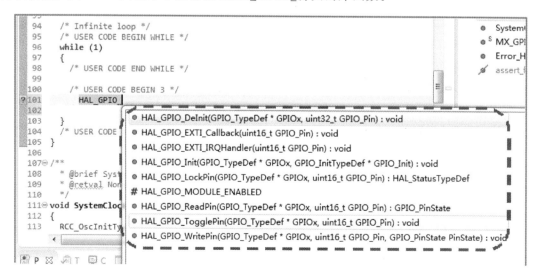

图 1.27　使用代码自动提示功能

图 1.27 中显示了很多与 GPIO 相关的库函数,对于 GPIO 来说,最常用的是后面三个:

```
HAL_GPIO_ReadPin(GPIOx, GPIO_Pin);
HAL_GPIO_TogglePin(GPIOx, GPIO_Pin);
HAL_GPIO_WritePin(GPIOx, GPIO_Pin, PinState);
```

HAL_GPIO_ReadPin()函数是在将 I/O 配置为输入后用于读取 GPIO 引脚上的值(状态)的;HAL_GPIO_TogglePin()和 HAL_GPIO_WritePin()函数都是在将 GPIO 配置为输出后用于写 GPIO 值(状态)的。这些函数的使用方法及与硬件的关系,后面讲 GPIO 时会进一步说明。

1.3.5　修改后的代码

将上面控制 PA5 的语句和延时语句放到 while(1)循环中,即可完成用户代码的修改。不过需要注意,这两句代码要放置到注释对中,譬如放到/＊ USER CODE BEGIN 3 ＊/与/＊ USER CODE END 3 ＊/之间:

```
while(1)
{
    /* USER CODE BEGIN 3 */
    HAL_GPIO_TogglePin(GPIOA, GPIO_PIN_5);
    HAL_Delay(500);
}
/* USER CODE END 3 */
```

至此,点亮发光二极管的程序编写完毕。

1.4　编译与下载

1.4.1　编译工程

单击工具栏上的 Build All 按钮(或者打开主菜单 Project 选择 Build All 命令),就可以启动项目工程编译过程,如图 1.28 所示。

用 Build All 编译工程,会把工作空间(Workspace)中所有项目都编译一遍,所以,工作空间如果有多个项目,最好打开菜单 Project 选择 Build Project 命令,这样就只会编译当前工程,如图 1.29 所示。

编译过程结束后,如果没有错误,在工程界面下侧信息窗中的 Console 栏会出现编译信息,如图 1.30 所示。

如图 1.30 所示,编译中没有遇到错误和警告。此外,编译过程所产生的文件中有个比较重要的文件:ex_led_ch1.elf。该文件以.elf 为后缀,为可执行可链接格式(Executable and linking format)。此文件会下载到硬件中,编译后,会放置到工程文件目录下的 Debug 文件夹中。

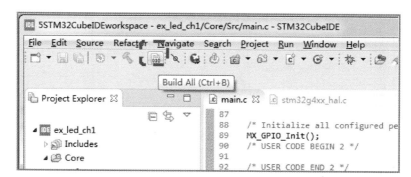

图 1.28 编译工程

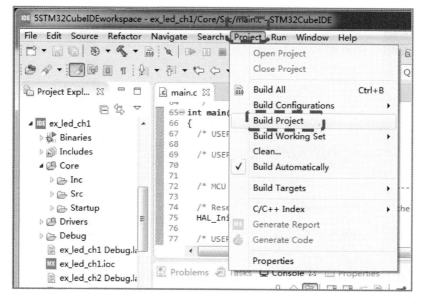

图 1.29 编译当前工程

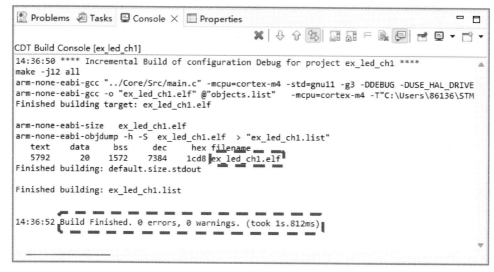

图 1.30 编译结果信息

1.4.2 将 NUCLEO - G474RE 板连接至计算机

将 NUCLEO - G474RE 板通过 USB 线与计算机连接。

NUCLEO - G474RE 板如图 1.31 所示。

在图 1.31 的顶部,标识为 CN1 的端子就是用于连接计算机的 USB 端口。可以采用电路板配套的 USB 线,将电路板连接到计算机的 USB 端口上。连接成功后,正常情况下板上的绿色发光二极管 LD3 会点亮,这是一个 5 V 电源的指示灯。5 V 电源就取自计算机的 USB 端口。此外,板上的 LD1 为 ST - Link 下载器的指示灯,正常连接后,如果下载程序或者进行调试,则 STM32CubeIDE 与 MCU 会有信息交互,此灯会闪烁。

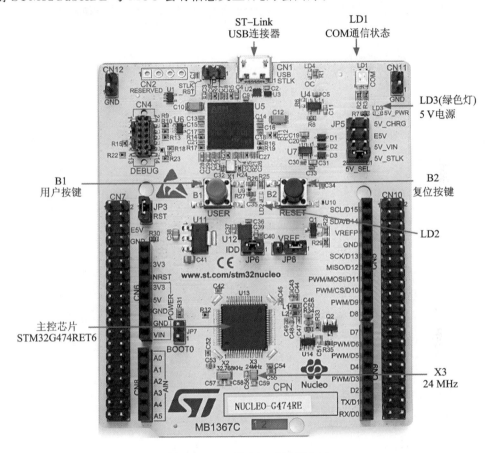

图 1.31 NUCLEO - G474RE 板

1.4.3 调试参数配置

编译过程完成后,就可以进行下载、调试(Debug)了。

如果是初次下载硬件,还需要进行下载配置。如图 1.32 所示,从主菜单 Run 中选择 Debug Configurations 命令,会弹出图 1.33 所示调试配置界面。

在图 1.33 中,双击左侧最下面的 STM32 Cortex-M C/C++ Application,会自动将所建立的项目信息添加进来,如图 1.34 所示。

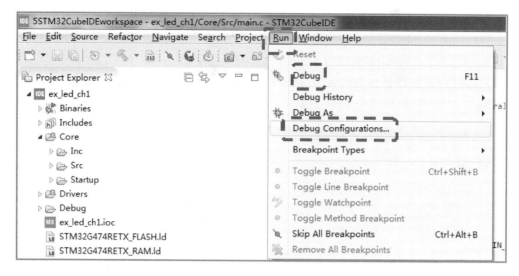

图 1.32　Debug 参数配置

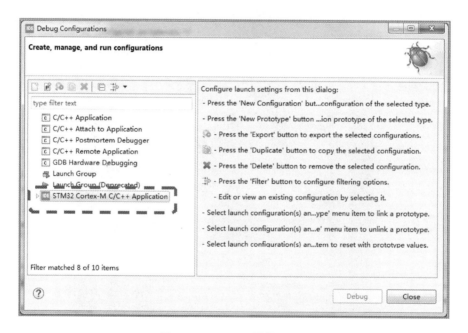

图 1.33　Debug 配置界面(1)

在图 1.34 左侧 STM32 Cortex-M C/C++ Application 之下会出现 ex_led_ch1 Debug,其中 ex_led_ch1 即为所编译的工程名称。图 1.34 右侧 Main 选项卡中,C/C++ Application 文本框中会自动给出 Debug/ex_led_ch1.elf。如果没有自动给出,可以浏览放置工程文件的文件夹,找到 Debug 文件夹,在其中就会看到 * .elf 文件。

上面的 Debug 配置过程也可以简化。在完成工程的编译之后,如果直接选择主菜单 Run 中的 Debug 命令或者单击工具栏中的图标按钮,而不是 Debug Configurations,则会直接弹出图 1.34 所示界面,跳过图 1.33 中的步骤,并且会将程序直接下载到硬件中。不过,采用这种方式进行配置的前提是要先完成对工程的编译。

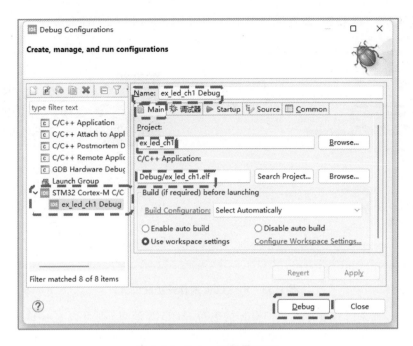

图 1.34　Debug 配置界面(2)

1.4.4　更新 ST－Link 下载器固件

Debug 配置完毕后,单击图 1.34 中右下侧的 Debug 按钮,就会进入调试阶段。此时,如果用的是新版 STM32CubeIDE,或者电路板上的 ST－Link 下载器固件为老版本,就会弹出图 1.35 所示界面。图 1.35(a)所示为提示遇到问题,图 1.35(b)所示为升级 ST－Link 固件

(a) ST－Link问题提示

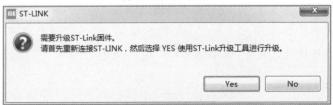

(b) 升级ST－Link固件对话框

图 1.35　提示升级 ST－Link 固件

提示对话框,单击 Yes 按钮,就会弹出图 1.36 所示的 ST-Link 固件升级窗口。

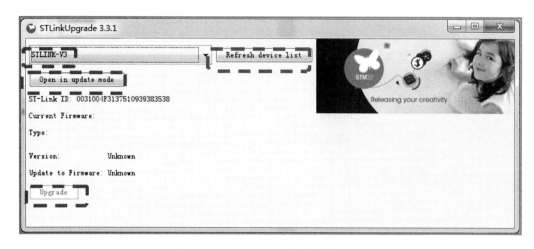

图 1.36 ST-Link 固件升级窗口(1)

图 1.36 中,如果已经显示 ST-Link 的名称及 ID 等信息,则可以直接单击 Open in update mode 按钮。如果没有显示这些信息,则需要单击 Refresh device list 按钮,完成对 ST-Link 设备的识别,再单击 Open in update mode 按钮;此时,图 1.36 左下角的 Update 按钮就会由不可单击的灰色状态变成可操作的状态。单击 Update,即可进行 ST-Link 固件升级。升级完成后,ST-Link 的固件升级窗口如图 1.37 所示。

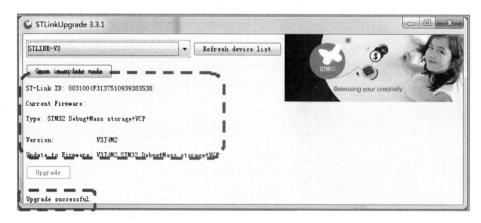

图 1.37 ST-Link 固件升级窗口(2)

固件升级成功后,在图 1.37 的左下角会出现"Update successful"字样。

当然,在调试过程中如果遇到 ST-Link 提示故障,也可以打开主菜单 Help 选择 ST-LINK 命令更新,从而升级 ST-Link 固件,如图 1.38 所示。

1.4.5 下载并运行程序

ST-Link 固件升级完成后,就可以进行硬件程序下载和调试了。此时,单击工具栏中的 Debug 按钮,进入 Debug 界面,如图 1.39 所示。除此之外,也可以打开主菜单 Run 选择 Debug 命令进入,或者单击图 1.34 中右下侧的 Debug 按钮进入。

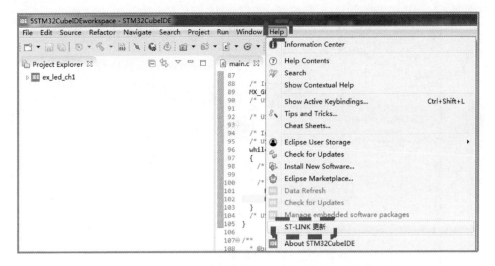

图 1.38　从主菜单打开 ST‑Link 固件升级窗口

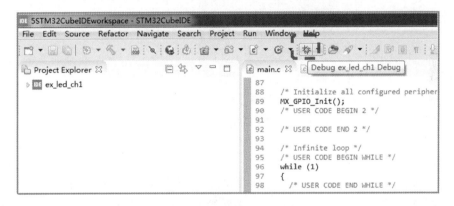

图 1.39　进入 Debug 界面

　　单击 Debug 按钮之后,会弹出图 1.40 所示的界面切换提示框,提示进入调试界面(Debug Perspective)。

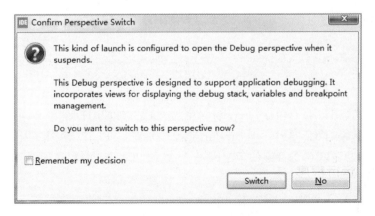

图 1.40　调试界面切换提示框

单击图 1.40 中右下侧的 Switch 按钮,会进入图 1.41 所示的 Debug 界面。

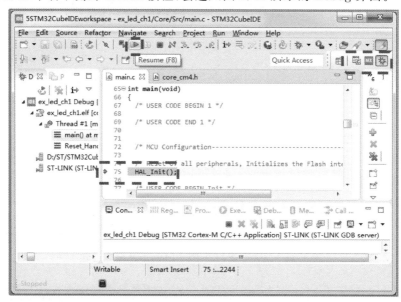

图 1.41　Debug 界面

STM32CubeIDE 中有两类界面,除了图 1.41 所示 Debug 界面外,还有前面编写代码时用到的 C/C++界面。这两个界面可以通过单击图 1.41 中右上角位置处的切换按钮 来实现。在图 1.41 的右上侧,还有一个标有 MX 的按钮 ,是设备硬件配置工具,对应配置硬件的界面,也就是以.ioc 为后缀的硬件配置界面(目前版本的 STM32CubeIDE,单击图标按钮 后尚无法直接打开.ioc 文件;但如果工程中已经打开了.ioc 文件,则通过单击图标按钮 可以从 C/C++界面、Debug 界面切换到.ioc 界面)。

在图 1.41 所示的 Debug 界面中,可以看到 main 函数中第一条语句前面有个小箭头,并且该语句的颜色被加深了,这是提示程序会从此处开始运行。单击工具栏上的运行(Resume)按钮,或者打开主菜单 Run 选择 Resume 命令,都可以运行程序。

此时,板子上的 LD2 灯会闪烁,闪烁频率为 1 Hz。在此基础上,可以修改 Delay 函数的参数,控制发光二极管的闪烁频率。

至此,就完成了第一个例子。

习　题

1.1 使用库函数 HAL_GPIO_TogglePin 控制 LD2 灯以 5 Hz 的频率闪烁。

1.2 使用库函数 HAL_GPIO_WritePin 控制 LD2 灯以 10 Hz 的频率闪烁。

1.3 控制 LD2:先以 0.25 Hz 的频率闪烁 3 次,再以 1 Hz 的频率闪烁 5 次,然后以 2 Hz 的频率闪烁 7 次;重复上述过程。

1.4 结合参数配置界面(.ioc),浏览 main.c 中自动生成的初始化函数 SystemClock_Config()和 MX_GPIO_Init()。

1.5 控制 LD2 以 10 Hz 频率、5 s 时间间隔按 1,1,2,3,5,8,13,21,34,…次数闪烁。

第2章　点亮发光二极管

在第 1 章中使用 STM32CubeIDE,通过建立工程、配置硬件参数、编译和下载,在 NUCLEO – G474RE 板上实现了用 PA5 引脚控制发光二极管 LD2 的亮灭。本章将在此基础上,将所控制的发光二极管的数量增加到 8 个,以进一步熟悉 STM32CubeIDE 的使用方法。由于在 NUCLEO – G474RE 板上只有 LD2 是用户可以直接控制的,所以本章采用一个扩展板上的 8 个发光二极管进行练习。

2.1　用 GPIO 控制多路发光二极管

2.1.1　建立新工程

首先,启动 STM32CubeIDE,打开主菜单 File 选择 New→STM32 Project 命令,建立一个新的 STM32 工程(参见图 1.5)。选择 STM32 Project 后会经过初始化、连接服务器等过程,最后进入目标器件选择界面,选择 STM32G474RET6(参见图 1.10)。选中并确定后将会弹出工程建立(Project Setup)界面,给新工程命名,譬如命名为 ex_led_ch2,其他参数采用默认值,如图 2.1 所示。

图 2.1　工程建立

设置完毕后单击 Next 按钮,将会弹出固件库设置界面;然后单击 Finish 按钮,启动工程建立过程。在工程建立期间,还会弹出提示框,提示是否进入硬件配置界面,也就是STM32CubeMx 界面,可以选择 Yes。当工程建立完成后,将会自动打开 ex_led_ch2.ioc 文件,如图 2.2 所示。除此之外,.ioc 文件也可以通过双击图 2.2 左侧的 ex_led_ch2.ioc 打开。

图 2.2　硬件配置界面

1. 发光二极管电路与 NUCLEO - G474RE 板的连接

用 PB0～PB7 来控制扩展板中的 8 个发光二极管。这些发光二极管的阳极均通过限流电阻(R14～R33)接到了 VCC(+3.3 V)上,如图 2.3 所示。通过杜邦线将发光二极管的阴极(L1～L8)连接到 MCU 的 GPIO 上。当 MCU 的 GPIO 输出低电平时,二极管点亮;当 GPIO 输出高电平时,二极管熄灭。

可将图 2.3 中的 L1～L8 分别连接到 STM32G474RE 的 PB0～PB7 上。PB0～PB7 在NUCLEO - G474RE 板上被引到了 CN7 和 CN10 端子上,如图 2.4 所示。

从图 2.4 中可以看出,PB0 和 PB7 分别引至端子 CN7 的 34 和 21 引脚上,PB1～PB6 分别引至 CN10 的 24、22、31、27、29 和 17 引脚上。

用杜邦线将扩展板的 L1～L8 分别连接至 NUCLEO - G474RE 板 CN7 和 CN10 的上述端子上。此外,还需将扩展板和 STM32G474RE 板上的电源、地连接到一起。由图 2.4 可见,CN7 的第 16 引脚是 +3.3 V 电压,可将它连接到扩展板的 VDD 上;CN7 的第 8 引脚是GND,可将它与扩展板的 GND 连接起来。

至此,硬件就连接完毕。

接下来就可以在 STM32CubeIDE 中完成对硬件的配置。

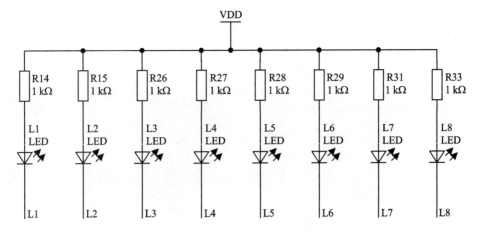

图 2.3　外接发光二极管电路

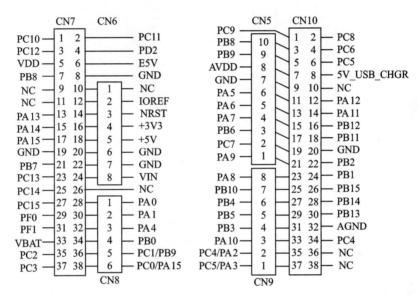

图 2.4　STM32G474RE 的引出端子

2. 配置 GPIO

参照第 1 章介绍的方法,在图 2.2 右侧的芯片封装图中将 PB0～PB7 配置为输出功能(GPIO_Output),如图 2.5 所示。

在选择图 2.5 中的引脚时,为了方便操作,可以用图 2.5 中的"放大"和"缩小"按钮来调节图的显示比例。

在图 2.2 所示的界面中,单击位于中部的 System Core,从展开的列表中选择 GPIO,会在右侧出现 GPIO 的模式与配置信息,如图 2.6 所示。其中有 8 行信息,分别对应 PB0～PB7。例如,用鼠标选中 PB0 所在的行,会在其下方出现 PB0 的详细配置信息,可以参照图 2.6 中的信息来配置 PB0。除用户标识(User Label)参数外,用同样的参数配置其他 7 个引脚(PB1～PB7)。将 PB0～PB7 的用户标识分别命名为 LED0～LED7。

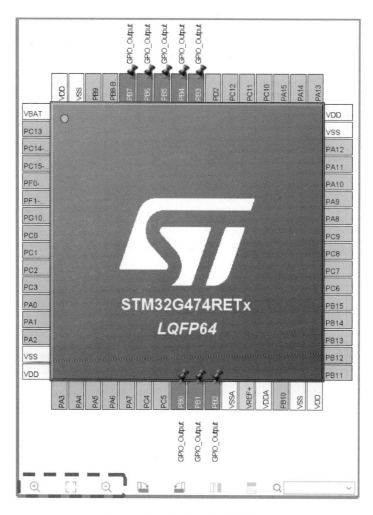

图 2.5　配置 PB0～PB7 为输出

3. 选择时钟源和 Debug 模式

打开 System Core 中的 RCC,配置复位和时钟控制参数。在 RCC 模式与配置界面中,将高速时钟(HSE)选择为 Crystal/Ceramic Resonator,使用片外时钟晶体作为 HSE 的时钟源。

随后,打开 System Core 中的 SYS,在其模式与配置界面中,Debug 选项框中选择 Serial Wire(这是 NUCLEO - G474RE 板自带 ST - Link 的 Debug 模式),如图 2.7 所示。

4. 配置系统时钟

打开图 2.2 所示界面中的 Clock Configuration 选项卡,配置时钟,将系统时钟(SYSCLK)配置为 170 MHz,如图 2.8 所示。

至此,硬件配置就完成了。

保存 ex_led_ch2. ioc 文件,打开主菜单 Project 选择 Generate Code 命令,启动代码生成过程,系统会将上述配置硬件的信息自动转换成代码。

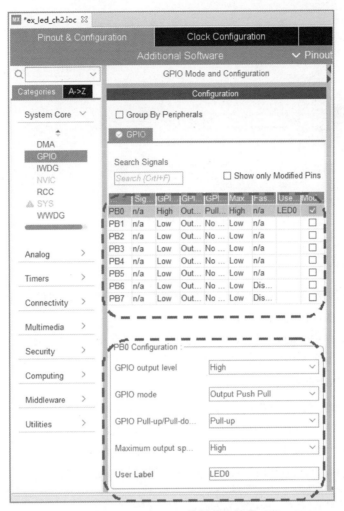

图 2.6　PB0～PB7 的模式与配置

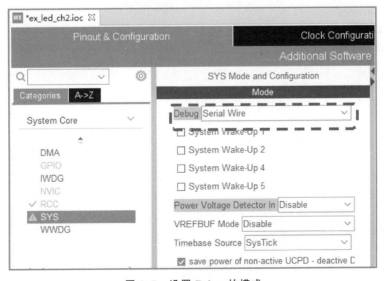

图 2.7　设置 Debug 的模式

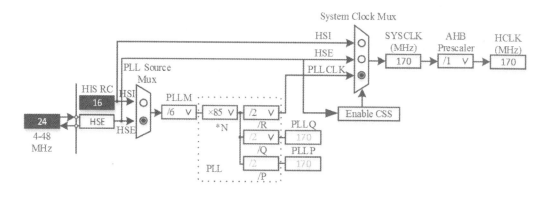

图 2.8　时钟配置

2.1.2　代码修改

可以从图 2.2 所示界面左侧的浏览条目中展开 Core→Src,其中的 main.c 就是自动生成代码的主程序。双击可以打开 main.c。

主程序与第 1 章建立的 ex_led_ch1 基本相同,区别在函数 MX_GPIO_Init()中。第 1 章的例子中仅配置了 1 个 GPIO,本例则配置了 8 个。

1. 修改主循环中的代码

接下来,就可以在 main 函数的 while 循环中编写代码了。

前面配置硬件时,给 PB0～PB7 的用户标识(User Label)分别起了名字 LED0～LED7。可以打开 main.h 文件(展开 Core→Inc,双击 main.h,或右击 main.c 中的语句 #include "main.h",选择 Open Declaration),看一下这些标识是如何定义的:

```
/* Private defines - - - - - - - - - - - - - - - - - */
#define LED0_Pin GPIO_PIN_0
#define LED0_GPIO_Port GPIOB
#define LED1_Pin GPIO_PIN_1
#define LED1_GPIO_Port GPIOB
#define LED2_Pin GPIO_PIN_2
#define LED2_GPIO_Port GPIOB
#define LED3_Pin GPIO_PIN_3
#define LED3_GPIO_Port GPIOB
#define LED4_Pin GPIO_PIN_4
#define LED4_GPIO_Port GPIOB
#define LED5_Pin GPIO_PIN_5
#define LED5_GPIO_Port GPIOB
#define LED6_Pin GPIO_PIN_6
#define LED6_GPIO_Port GPIOB
#define LED7_Pin GPIO_PIN_7
#define LED7_GPIO_Port GPIOB
/* USER CODE BEGIN Private defines */
```

这里用了 16 个♯define 宏定义,根据用户标识对 8 个 LED 引脚的端口和引脚号进行了定义。以 PB0 引脚为例,PB0 为 GPIOB 端口的第 1 个引脚,这里将 LED0 的引脚号(LED0_Pin)定义为 GPIO_PIN_0(此为十六进制无符号数 0x0001),将 LED0 所属端口(LED0_GPIO_Port)定义为 GPIOB。不过,由于 PB0~PB7 都属于 GPIOB,所以 LED0_GPIO_Port~LED7_GPIO_Port 实际都是指 GPIOB。

参照第 1 章的例子(ex_led_ch1)编写程序,让 8 个发光二极管同时闪烁。注意,要将代码放到注释对中。

编写代码(仅列出了 while 循环中的代码)如下:

```
/* Infinite loop */
/* USER CODE BEGIN WHILE */
while (1)
{
    /* USER CODE END WHILE */
    /* USER CODE BEGIN 3 */
    HAL_GPIO_TogglePin(LED0_GPIO_Port, LED0_Pin);
    HAL_GPIO_TogglePin(LED1_GPIO_Port, LED1_Pin);
    HAL_GPIO_TogglePin(LED2_GPIO_Port, LED2_Pin);
    HAL_GPIO_TogglePin(LED3_GPIO_Port, LED3_Pin);
    HAL_GPIO_TogglePin(LED4_GPIO_Port, LED4_Pin);
    HAL_GPIO_TogglePin(LED5_GPIO_Port, LED5_Pin);
    HAL_GPIO_TogglePin(LED6_GPIO_Port, LED6_Pin);
    HAL_GPIO_TogglePin(LED7_GPIO_Port, LED7_Pin);
    HAL_Delay(500);
}
/* USER CODE END 3 */
```

2. 编译与下载

打开主菜单 Project 选择 Build Project 命令,编译当前工程。编译完成后,进行 Debug 配置:从主菜单 Run 中选择 Debug Configurations 命令,弹出 Debug 配置界面,如图 2.9 所示。建立新配置,并命名为 ex_led_ch2 Debug。

建立 Debug 新配置的方法如下:在图 2.9 中,右击左侧的 STM32 Cortex-M C/C++ Application,建立一个 New Configuration;右侧上的 Name(名称)为 ex_led_ch2 Debug,为系统默认;将 Project(工程)选择为 ex_led_ch2;C/C++ Application 选择为 ex_led_ch2.elf,也就是工程 ex_led_ch2 的下载文件。配置完毕后单击 Debug 按钮,就可以启动代码下载。

如果硬件连接正确,程序就会烧写到单片机中。按键盘上的 F8 键或单击主界面中的运行按钮,扩展板上的 8 个发光二极管就会同时以 1 Hz 的频率闪烁。

2.1.3 代码调试

1. 添加断点

接下来,练习一下用断点调试的过程。

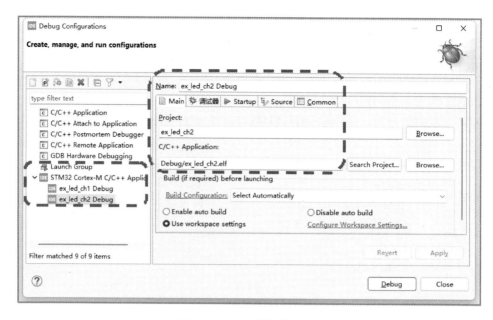

图 2.9 Debug 配置界面(3)

断点是调试中的一种重要手段。如果在某语句上设置了断点,那么当程序执行到该语句时就会停下来。此时可以观察代码运行到此处后硬件的反应,查看寄存器的状态等。

在 IDE 的 Debug 模式下,在相应语句行号的左侧双击,就可以在此语句处添加断点。如图 2.10 所示,可以在 main.c 的第 104 行语句,即 HAL_GPIO_TogglePin(LED3_GPIO_

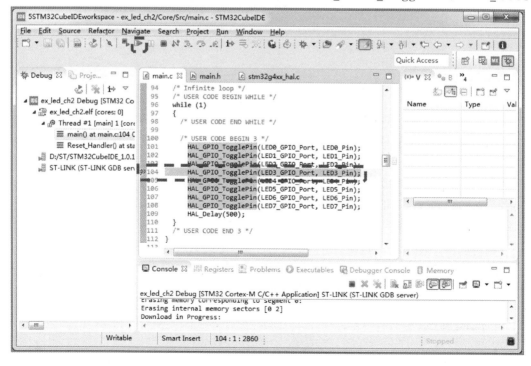

图 2.10 断点与单步运行

Port，LED3_Pin)前添加一个断点。添加断点后，在语句前(行号 104 左侧)会出现一个"圆点"(用鼠标双击该"圆点"，可以去掉断点)。

在某行语句前添加断点后，当程序运动到该语句时就会停止运行，暂停于此语句处。此时，可以用 Step Into 、Step Over 等单步运行调试手段，调试代码中可能存在的问题(Bug)。当语句是一个函数(如 HAL_GPIO_TogglePin())时，如果用 Step Into，就可以单步运行的方式进入该函数体内部；如果用 Step Over，则直接运行该函数，不会进入函数体内部。

由于程序中用了一个 while(1)无限循环，所以在此 while 循环体内的语句会循环往复执行。

可以采用单步运行等手段，结合硬件(即发光二极管的状态)，查看程序控制发光二极管的过程。当然，也可以根据需要在程序中添加多个断点，调试中，单击继续运行(Resume)按钮，程序就会从一个断点直接运行到下一个断点。

2. 调试按钮

在图 2.10 所示的界面中，工具栏有许多调试按钮，常用的包括芯片复位、重启、继续运行、暂停、结束单步运行等，如图 2.11 所示。

图 2.11　Debug 调试工具

芯片复位：其全称是芯片复位并重启调试(Reset the Chip and Restart Debug Session)。在调试过程中，有时程序跑"飞"了，进入了一个不确定的状态，此时就可以单击这个按钮，复位芯片，重新开始调试过程。

跳过断点(Skip all Breakpoints)：在调试中，如果已经在程序中设置了多个断点，有时可能会考虑在不去除断点的情况下运行一下程序，此时就可以用这个功能。

终止并重启：终止当前的 Debug，重新开始 Debug 过程。

继续运行(Resume)：停止后再继续，即继续之前停下的工作。

暂停(Suspend)：也称为挂起。程序在全速运行时单击此按钮，程序会停止在单击此按钮那一刻所运行的代码处。具体会停止在何处有一定的随机性，无法准确预知。

终止(Terminate)：结束 Debug 状态；结束但不会重启。

断开连接(Disconnect)：离开 Debug 调试过程。

Step Into、Step Over、Step Return：三个按钮与单步运行相关。如果将要执行的是一个函数，则 Step Into 可以进入到函数体内部；而 Step Over 则直接运行该函数，一直到该函数之下的语句；当 Step Into 进入函数体内部后，单击 Step Return 可以直接返回主程序中该函数之后的语句处。

汇编单步(Instruction Stepping Mode)：指令单步模式，也是汇编程序指令，类似于反汇编的功能，单击后会弹出一个反汇编(Disassembly)的窗口。调试中，用此功能并结合 Step Into 和 Step Over，可进行汇编指令级调试。

接下来,以单步调试 Step Into 为例介绍控制 I/O 的过程。

图 2.10 中,在 main.c 的第 104 行设置了一个断点,对应的语句如下:

```
HAL_GPIO_TogglePin(LED3_GPIO_Port, LED3_Pin)
```

该语句的功能是翻转 I/O 引脚 PB3 的状态。翻转状态的意思是:如果原来状态为高电平,执行该语句后就输出低电平;如果原来为低电平,执行该语句后就输出高电平。这个语句实际是固件库提供的一个函数。该函数有两个参数,第一个是 I/O 所属的端口,第二个是引脚号。前面已经看到,在 main.h 中 LED3_GPIO_Port 被定义为 GPIOB,LED3_Pin 被定义为 GPIO_PIN_3,所以该语句操作的是 GPIOB 的 PB3 引脚。

2.1.4　库函数分析

1. HAL_GPIO_TogglePin( )函数

单击 Resume 按钮,程序运行后会停在所设置的断点语句处,如图 2.10 中所示,第 104 行的颜色更加明亮,并且在该行前面出现了一个箭头。此时,单击 Step Into 按钮,程序会自动进入 HAL_GPIO_TogglePin()函数体内部。由于该函数是在 stm32g4xx_hal_gpio.c 文件中定义的,IDE 会自动打开该文件,并且会停在该函数中将要执行的第一个语句上。

HAL_GPIO_TogglePin()函数的声明如下:

```
void HAL_GPIO_TogglePin(GPIO_TypeDef * GPIOx, uint16_t GPIO_Pin)
{
    uint32_t odr;
    /* Check the parameters */
    assert_param(IS_GPIO_PIN(GPIO_Pin));
    /* Get current Output Data Register value */
    odr = GPIOx->ODR;
    /* Set selected pins that were at low level, and reset ones that were high */
    GPIOx->BSRR = ((odr & GPIO_Pin) << GPIO_NUMBER) | (~odr & GPIO_Pin);
}
```

该函数中,odr = GPIOx->ODR 这一行的语句颜色被加亮了,说明接下来要执行该语句;assert_param(IS_GPIO_PIN(GPIO_Pin))这一行语句不会导致硬件动作(关于这一条语句,后面再进行说明)。

2. HAL_GPIO_TogglePin( )函数的类型与参数

HAL_GPIO_TogglePin()函数被定义为 void 类型,即该函数没有返回值。它有两个参数:一个是 GPIOx,另一个是 GPIO_Pin。注意,GPIO_Pin 的类型是 uint16_t,即无符号十六进制数,是一个数字。前面调用该函数时用的是 LED3_Pin,这个 LED3_Pin 是什么类型呢?

前面提到,在 main.h 中 LED3_Pin 被定义为 GPIO_PIN_3。在 main.h 中,找到声明 LED3_Pin 的 define 语句:

```
#define LED3_Pin GPIO_PIN_3
```

在其中的 GPIO_PIN_3 上右击,在弹出的快捷菜单中选择 Open Declaration 即可打开包含 GPIO_PIN_3 声明的文件(stm32g4xx_hal_gpio.h),并且自动定位到声明 GPIO_PIN_3 的
语句上。

```
#define GPIO_PIN_3    ((uint16_t)0x0008)       /* Pin 3 selected */
```

从上述这条 define 语句中可以看到,GPIO_PIN_3 被声明为数据类型 uint16_t 的一个数,
即 16 位无符号数 0x0008、二进制数 0000 0000 0000 1000,从右边数第 3 位为1(以右边第 1 位
的次序为 0)。在 stm32g4xx_hal_gpio.h 文件中,还可以看到 GPIO_PIN_0~ GPIO_PIN_15
的定义,分别为十六进制无符号数 0x0001~0x8000。转换为二进制数后可见,在每个数中只
有一位为 1,用这种方式可以选择某一特定的引脚号。

HAL_GPIO_TogglePin()函数的第一个参数是 GPIOx,这里的 x 在 STM32G4xx 系列
MCU 中是指从 A 到 G,即 GPIOA、GPIOB、…、GPIOG。从上面的 HAL_GPIO_TogglePin()
函数声明中还可以看到,参数 GPIOx 的类型是 GPIO_TypeDef,它实际上是一个结构体。可
以通过右击 GPIO_TypeDef 然后选择 Open Declaration 来查看。打开后,会发现 GPIO_TypeDef
的声明,是在固件库的 stm32g474xx.h 文件中。

GPIO_TypeDef 的声明如下:

```
typedef struct
{
    __IO uint32_t MODER;      /*!< GPIO port mode register,Address offset: 0x00 */
    __IO uint32_t OTYPER;     /*!< GPIO port output type register,Address offset: 0x04 */
    __IO uint32_t OSPEEDR;    /*!< GPIO port output speed register, Address offset: 0x08 */
    __IO uint32_t PUPDR;      /*!< GPIO port pull-up/pull-down register,Address offset: 0x0C */
    __IO uint32_t IDR;        /*!< GPIO port input data register, Address offset: 0x10 */
    __IO uint32_t ODR;        /*!< GPIO port output data register, Address offset: 0x14 */
    __IO uint32_t BSRR;       /*!< GPIO port bit set/reset  register, Address offset: 0x18 */
    __IO uint32_t LCKR;       /*!< GPIO port configuration lock register, Address offset: 0x1C */
    __IO uint32_tAFR[2];      /*!< GPIO alternate function registers,Address offset: 0x20-0x24 */
    __IO uint32_t BRR;        /*!< GPIO Bit Reset register, Address offset: 0x28 */
} GPIO_TypeDef;
```

3. 结构体的相关知识

至此,已经明确了 HAL_GPIO_TogglePin()函数的类型和参数,从其参数中引出了结构
体。下面简单介绍一下结构体。

结构体是一种自定义的数据类型,可以将不同类型的数据组合在一起,构成一个组合型数
据结构。例如下面这个结构体:

```
struct b_type
{
    uint32_t _reserved0:27;     /*! bit: 0..26 */
    uint32_t Q:1;               /*! bit: 27 */
    uint32_t V:1;               /*!< bit: 28 */
    uint32_t C:1;               /*!< bit: 29 */
    uint32_t Z:1;               /*!< bit: 30 */
```

```
    uint32_t N:1;                            /*!< bit: 31 */
};
```

其中,struct 是声明结构体的关键字,b_type 是这个结构体的名称。花括号里的内容是此结构体的成员。在 b_type 这个结构体内,有 6 个成员;这些成员的数据类型都是 uint32_t。一个结构体中,各个成员的数据类型可以不同。

需要注意的是,上面这个结构体的声明中,并没有定义结构体变量,只是建立了一个名称为 b_type 的结构体类型。如果只是如此,这个结构体在编译时是不会分配存储单元的。

按上述方式声明了 b_type 结构体后,可以通过下面的语句定义变量:

```
struct b_type b;                    //b 为结构体变量名
```

上述语句定义了一个 b_type 结构体的变量,变量名为 b。

不过,也可以在声明结构体类型时定义结构体变量。例如,还是声明 b_type 结构体,不过同时定义一个变量 b,可以采用如下的方式:

```
struct   b_type
{
    uint32_t _reserved0:27;          /*! bit: 0..26 */
    uint32_t Q:1;                    /*! bit: 27 */
    uint32_t V:1;                    /*!< bit: 28 */
    uint32_t C:1;                    /*!< bit: 29 */
    uint32_t Z:1;                    /*!< bit: 30 */
    uint32_t N:1;                    /*!< bit: 31 */
} b;
```

此外,声明结构体类型时,还可以不指定结构体类型名,直接定义结构体变量。例如:

```
struct
{
    uint32_t Pin;
    uint32_t Mode;
    uint32_t Pull;
    uint32_t Speed;
} GPIO_InitTypeDef;
```

这就直接定义了一个结构体变量 GPIO_InitTypeDef。

需要再次强调,结构体类型与结构体变量是不同的概念,编译时只会对变量分配内存空间,并且只可对变量进行赋值等操作。因此声明结构体后,如果要使用它,一定要定义该结构体的变量。

回到本章的话题,在 GPIO_TypeDef 结构体中,关键词 struct 后面并没有名称,按上述对结构体声明的介绍,就是没有给这个结构体命名,在花括号的后面跟着的 GPIO_TypeDef 似乎应是此结构体的变量。果真如此吗?对这个结构体来说,还真不是这样的。仔细看一下结构体声明就会发现,在关键词 struct 前面,还有一个关键词 typedef。就因为这个关键词,情况就不同了。

typedef 是一个 C 语言中的关键词,它的作用是为后面的数据类型定义一个新名字。当然,此处所说的数据类型可以是如 int、char 等常用的数据类型,也可以是像结构体(struct)这样的自定义数据类型。使用 typedef 的目的是简化类型声明,给变量定义新名字。譬如,给常用的数据类型 int16_t 定义新名称为 s16,就可以用下面这条语句:

```
typedef int16_t s16;
```

s16 要比 int16_t 简化一些,通过 typedef 声明后二者在使用时就是等效的。

此外,还需要明确:采用 struct 和采用 typedef struct 声明结构体是有区别的。

譬如,如下声明方式声明了 b_type 结构体,同时又定义了一个变量 b:

```
struct b_type          // b_type 不是变量名,而是结构体名称,可省略
{
    ......              //类型 成员名
} b;                   //b 为结构体变量
```

如果要定义一个新的 b_type 结构体变量 aaa,可以用下面的语句:

```
struct b_type aaa;
```

如果用 typedef struct 声明结构体,情况就不同了。譬如,用 typedef struct 声明一个类型为 a_type 的结构体:

```
typedef struct a_type    //a_type 为结构体名称,可省略
{
    ......                //类型 成员名
} a_type_new;            //a_type_new 也为结构体名称、非变量名称
```

花括号后面的 a_type_new 不再是一个结构体变量,而是结构体 a_type 的别名。此时,如果要定义一个结构体变量 aaa,采用如下两种方式都是可以的:

```
struct a_type aaa;
```

或

```
a_type_new aaa;
```

实际上,定义上面的结构体时,结构体名 a_type 是可以省略的。此时,定义结构体变量,就可用后面那种方式。

回到前面所定义的结构体,可知 GPIO_TypeDef 是结构体的名称,而不是一个结构体变量。

结构体 GPIO_TypeDef 中有 11 个(AFR 占 2 个 32 位)数据类型为 32 位无符号数(uint32_t)的成员:

```
__IO uint32_t MODER;      端口模式寄存器,偏址:0x00
__IO uint32_t OTYPER;     端口输出类型寄存器,偏址:0x04
__IO uint32_t OSPEEDR;    端口输出速度寄存器,偏址:0x08
__IO uint32_t PUPDR;      端口上下拉寄存器,偏址:0x0C
__IO uint32_t IDR;        端口输入数据寄存器,偏址:0x10
```

__IO uint32_t ODR;	端口输出数据寄存器,偏址:0x14
__IO uint32_t BSRR;	端口按位置位/复位寄存器,偏址:0x18
__IO uint32_t LCKR;	端口锁定配置寄存器,偏址:0x1C
__IO uint32_t AFR[2];	端口功能选择寄存器,偏址:0x20~0x24
__IO uint32_t BRR;	端口按位复位寄存器,偏址:0x28

在上面的定义中,数据类型 uint32_t 前面的"__IO"(注意:字符 IO 前是两个下划线)是什么意思呢? 实际上,在固件库中"__IO"通过 define 宏定义为 volatile,如下所示:

```
#define __IO volatile
```

在 C 语言中,变量前加 volatile,是提醒编译器不用对变量进行优化。调用该变量时,每次都到变量所在寄存器中去读它的内容。

4. GPIO 寄存器

再来看 GPIO 端口的寄存器。在结构体 GPIO_TypeDef 中,11 个寄存器都是 32 位,其中,有 4 个配置寄存器(GPIOx_MODER、GPIOx_OTYPER、GPIOx_OSPEEDR 和 GPIOx_PUPDR)、2 个数据寄存器(GPIOx_IDR 和 GPIOx_ODR)、1 个置位/复位寄存器(GPIOx_BSRR)、1 个锁定(locking)配置寄存器(GPIOx_LCKR)、2 个功能选择寄存器(alternate function selection registers,GPIOx_AFRH 和 GPIOx_AFRL)和 1 个按位复位寄存器 GPIOx_BRR。因为 STM32G4xx 中有 7 个 GPIO 端口,所以上述寄存器中的 x 是指 A、B、C、D、E、F、G。譬如 GPIO 端口 B 的输出寄存器,就是 GPIOB_ODR。

再来看函数 HAL_GPIO_TogglePin(GPIO_TypeDef * GPIOx, uint16_t GPIO_Pin)的定义。第一个参数 GPIOx 的类型为 GPIO_TypeDef,也就是说,GPIOx 只能取结构体 GPIO_TypeDef 的成员,即 GPIO 端口的寄存器。注意,在函数 HAL_GPIO_TogglePin()的参数定义中,参数 GPIOx 的前面有个"*",表示 GPIOx 这个变量是一个指针型变量。因此,在访问结构体成员时,就要采用指针的形式。

重写函数 HAL_GPIO_TogglePin()的定义如下:

```
void HAL_GPIO_TogglePin(GPIO_TypeDef * GPIOx, uint16_t GPIO_Pin)
{
    uint32_t odr;
    assert_param(IS_GPIO_PIN(GPIO_Pin));
    odr = GPIOx->ODR;
    GPIOx->BSRR = ((odr & GPIO_Pin) << GPIO_NUMBER) | (~odr & GPIO_Pin);
}
```

先看语句 odr = GPIOx→ODR,表示用指针形式访问 GPIO 端口的输出数据寄存器(ODR),输出寄存器 ODR 的值也就是该寄存器所对应端口的状态。前面调用函数 HAL_GPIO_TogglePin 时,用的参数是 LED3_GPIO_Port,而 LED3_GPIO_Port 在 main.h 文件中定义为 GPIOB,所以程序运行到此处,odr = GPIOx→ODR 就是取出 GPIOB 的输出数据寄存器的值,赋给变量 odr。

函数的最后一条语句,是一个给 BSRR 寄存器赋值的语句:

```
GPIOx->BSRR = ((odr & GPIO_Pin) << GPIO_NUMBER) | (~odr & GPIO_Pin);
```

　　在这条赋值语句中,等号右侧将 odr、GPIO_Pin 相"与"后左移 GPIO_NUMBER(在 stm32g4xx_hal_gpio.c 中有定义,为 16)位,然后与~odr & GPIO_Pin 的结果相"或",结果赋值给 BSRR 寄存器。

　　GPIO_Pin 是什么值呢? 它是 HAL_GPIO_TogglePin 函数的第 2 个参数,如前所述,它的值为 16 位无符号数(uint16_t),此时对应的是 PB3,所以该值为 0x0008(从右侧数第 3 位为 1,其余位均为 0)。

　　将 odr、GPIO_Pin 相"与"后即可得到当前 PB3 引脚的状态:如果 PB3 引脚的状态为 1(高电平),则相"与"后的结果为 0x0008,将此结果左移 16 位(GPIO_NUMBER),也就是移位到高 16 位(odr 被定义为 32 位无符号数),移位后第 19 位为 1;如果 PB3 引脚的状态为 0(低电平),则相"与"后的结果为 0x0,移位后第 19 位同样也为 0。

　　再来看 odr 取"反"后与 GPIO_Pin 相"与"的含义。仍然以 PB3 为例,如果 PB3 引脚当前状态为 1,取反(~)后为 0,则与 GPIO_Pin 相"与"后的结果为 0x0;如果 PB3 引脚当前状态为 0,则相"与"后的结果为 0x0008。

　　这样,这条赋值语句执行后的结果就比较清楚了:当 I/O 引脚状态为 1 时,等号右侧"或"之前括号内的值为 1,之后的为 0;当 I/O 引脚状态为 0 时,之前的值为 0,之后的值为 1。但"或"之前的值会移位到高 16 位,"或"之后的值则没有移位。也就是说,当 I/O 引脚状态为 1 时,给 BSRR 寄存器的高 16 位赋值;当 I/O 引脚状态为 0 时,给低 16 位赋值。

　　为什么给 BSRR 寄存器的相应位赋值,就可以改变 PB3 的引脚状态呢? 要想弄明白这一点,就需要了解一下 BSRR 寄存器的结构。

　　在 STM32G4 系列 MCU 的参考手册中,可以查到 BSRR 寄存器的结构,如图 2.12 所示。

31	30	29	28	27	26	25	24	23	22	21	20	19	18	17	16
BR15	BR14	BR13	BR12	BR11	BR10	BR9	BR8	BR7	BR6	BR5	BR4	BR3	BR2	BR1	BR0
w	w	w	w	w	w	w	w	w	w	w	w	w	w	w	w

15	14	13	12	11	10	9	8	7	6	5	4	3	2	1	0
BS15	BS14	BS13	BS12	BS11	BS10	BS9	BS8	BS7	BS6	BS5	BS4	BS3	BS2	BS1	BS0
w	w	w	w	w	w	w	w	w	w	w	w	w	w	w	w

图 2.12　GPIOx_BSRR 寄存器(x 为 A、B、C、D、E、F、G)结构

　　从图 2.12 中可见,BSRR 寄存器的高 16 位为 BR[15:0],其中 BR 是指 bit reset,按位复位;低 16 位为 BS[15:0],其中 BS 是指 bit set,按位置位。这些位都是只写(write-only,图中每位下面的字母 w 表示只写)的,读它们也没有什么用,只是返回 0 而已。在参考手册的说明中明确规定:BR[15:0]中的某位为 1,会复位相应的输出数据位(ODx,即输出数据寄存器 ODR 中的某位);SR[15:0]中的某位为 1,会置位相应的输出数据位(ODx)。当然,要在硬件上实现端口或引脚输出状态的变化,是需要相应电路来实现的;不过,对使用者来说,需要的只是配置相应的寄存器。

　　从上面的介绍中可以了解到,库函数 HAL_GPIO_TogglePin()通过操作 GPIO 的 BSRR 寄存器实现了翻转 I/O 引脚状态的目的。在早期的固件库版本(如 STM32Cube FW_G4 V1.3.0 及之前版本)中,HAL_GPIO_TogglePin()函数控制 I/O 引脚状态除了用 BSRR 寄存器外,还用到了按位复位寄存器(BRR)。该函数的定义如下：

```
void HAL_GPIO_TogglePin(GPIO_TypeDef * GPIOx, uint16_t GPIO_Pin)
{
  /* Check the parameters */
  assert_param(IS_GPIO_PIN(GPIO_Pin));
  if ((GPIOx ->ODR & GPIO_Pin) ! = 0x00u)
  {
    GPIOx ->BRR = (uint32_t)GPIO_Pin;
  }
  else
  {
    GPIOx ->BSRR = (uint32_t)GPIO_Pin;
  }
}
```

该函数实现的功能与前面的定义相同。在 if 语句的条件中，将 GPIOx ->ODR、GPIO_Pin 相"与"，如果结果不为 0(x00u，其中"u"也可以是大写字母 U，表示其前面的数 0x00 是无符号整型，如果不加"u"这个后缀，就会默认为 int 型)，则给 GPIOx ->BRR 赋值 GPIO_Pin，使引脚状态复位为 0；如果结果为 0，则给 GPIOx ->BSRR 赋值 GPIO_Pin，使引脚状态置位为 1。置位的操作用的是 BSRR 寄存器的低 16 位 BS[15:0]；复位没有用 BSRR 寄存器的高 16 位，而是用了另外一个寄存器 BRR。

在 STM32G4 系列 MCU 的参考手册中，可以查到 BRR 寄存器的结构，如图 2.13 所示。

31	30	29	28	27	26	25	24	23	22	21	20	19	18	17	16
Res	Res	Res	Res	Res	Res	Res	Res	Res	Res	Res	Res	Res	Res	Res	Res

15	14	13	12	11	10	9	8	7	6	5	4	3	2	1	0
BR15	BR14	BR13	BR12	BR11	BR10	BR9	BR8	BR7	BR6	BR5	BR4	BR3	BR2	BR1	BR0
w	w	w	w	w	w	w	w	w	w	w	w	w	w	w	w

图 2.13　GPIOx_BRR 寄存器(x 为 A、B、C、D、E、F、G)结构

从图 2.13 中可以看到，BRR 寄存器虽然是 32 位的，但实际用的只是低 16 位，分别对应该 GPIO 端口的 16 个 I/O。BRR 寄存器的低 16 位与 BSRR 寄存器的高 16 都是按位复位寄存器(BR[15:0])，所起的作用是一样的。

不过，还有一点需要注意，GPIO 的 BRR 和 BSRR 对输出引脚状态的改变，是与 ODR 相一致的。也就是说，PB3 通过 BRR 复位后，GPIOB 的 ODR 寄存器的相应位(第 3 位)的值也会变为 0。从 STM32G4 系列 MCU 的参考手册中可以看到 GPIO 的 ODR 寄存器，如图 2.14 所示。

从图 2.14 中可以看到，ODR 也只是用了低 16 位，分别对应 GPIO 端口的 16 个引脚。OD[15:0]就是相应引脚的状态数据，下面的 rw 表示该位可读可写，rw 是 read write 的缩写。

关于 GPIO 的寄存器，暂时先介绍这几个，其他 GPIO 寄存器后面用到时也会做简单的介绍。重要的是掌握方法，可以自己查看参考手册，以了解更详细的内容。

由于采用固件库进行编程，所以一般不会直接操作到寄存器，而是调用固件库中已经封装

31	30	29	28	27	26	25	24	23	22	21	20	19	18	17	16
Res	Res	Res	Res	Res	Res	Res	Res	Res	Res	Res	Res	Res	Res	Res	Res

15	14	13	12	11	10	9	8	7	6	5	4	3	2	1	0
OD15	OD14	OD13	OD12	OD11	OD10	OD9	OD8	OD7	OD6	OD5	OD4	OD3	OD2	OD1	OD0
rw	rw	rw	rw	rw	rw	rw	rw	rw	rw	rw	rw	rw	rw	rw	rw

图 2.14　GPIOx_ODR 寄存器(x 为 A、B、C、D、E、F、G)结构

好的函数。

5. HAL_GPIO_WritePin()函数

实际上,实现 GPIO 引脚输出状态变化的库函数还有一个,也很常用,该函数是:

`HAL_GPIO_WritePin(GPIOx, GPIO_Pin, PinState)`

可以用前面介绍的方法查看函数 HAL_GPIO_WritePin()的定义。
这里直接给出:

```
void HAL_GPIO_WritePin(GPIO_TypeDef * GPIOx, uint16_t GPIO_Pin, GPIO_PinState PinState)
{
    /* Check the parameters */
    assert_param(IS_GPIO_PIN(GPIO_Pin));
    assert_param(IS_GPIO_PIN_ACTION(PinState));
    if (PinState != GPIO_PIN_RESET)
    {
        GPIOx->BSRR = (uint32_t)GPIO_Pin;
    }
    else
    {
        GPIOx->BRR = (uint32_t)GPIO_Pin;
    }
}
```

从上面的函数定义中可以看到,HAL_GPIO_WritePin()函数有 3 个参数,前面两个与 HAL_GPIO_TogglePin()相同;多出的参数为 PinState,顾名思义,是引脚状态。PinState 的类型是 GPIO_PinState。

同样,可以在固件库中查看对 GPIO_PinState 的声明:

```
typedef enum
{
    GPIO_PIN_RESET = 0U,
    GPIO_PIN_SET
} GPIO_PinState;
```

这是一个枚举类型,用 typedef 关键词将枚举类型定义成 GPIO_PinState,有两个成员:一个是 GPIO_PIN_RESET,被赋值为 0;另一个是 GPIO_PIN_SET,被赋值为 1(后续枚举成员的值,在前一个成员基础上加 1)。

HAL_GPIO_WritePin()函数前面两个参数用于指定端口和引脚号,第 3 个参数用于设置该 I/O 引脚的状态(0 或 1)。

在 HAL_GPIO_WritePin()函数的定义中,首先是两行 assert_param()的声明语句(该语句的含义后面再介绍),接下来是 if 语句。if 语句的条件是判断传递过来的参数 PinState 是否不等于 0(GPIO_PIN_RESET):如果参数 PinState 为 1(即不等于 0),则通过 BSRR 寄存器的低 16 位(BS)置位,使得该引脚输出 1;如果等于 0,则通过 BRR 寄存器复位该引脚状态,使其输出 0。

从上面的介绍可知,固件库中的函数控制 I/O,是通过操作 BSRR 和 BRR 寄存器来实现的。实际上,也可以直接给 ODR 寄存器赋值来实现对 I/O 引脚状态的控制,但相比于操作 BSRR 和 BRR 寄存器,这样做效率会低一些。

前面介绍的两个函数,都可以实现对 I/O 引脚状态的控制,但实现的功能有区别。函数 HAL_GPIO_WritePin()可以让 I/O 输出一个给定的电平(高或低电平);而函数 HAL_GPIO_TogglePin()只是让相应的 I/O 引脚输出状态翻转,至于是输出高电平还是低电平,则取决于之前的状态。这是它们的区别。

6. assert_param 语句

关于上述两个控制 I/O 输出状态的库函数,还有一个问题:在函数定义中位于最前面的 assert_param 语句能完成什么功能?

在函数 HAL_GPIO_TogglePin()中,该语句为:

```
assert_param(IS_GPIO_PIN(GPIO_Pin));
```

在 HAL_GPIO_WritePin()中,该语句为:

```
assert_param(IS_GPIO_PIN(GPIO_Pin));
assert_param(IS_GPIO_PIN_ACTION(PinState));
```

assert_param()能起到什么作用呢?

实际上 assert_param()是一种宏,用于函数的参数检查。括号中是一个表达式,若表达式为真(有效),则程序会继续执行下去;若表达式为假,则程序就会跳转,去执行可以发出一条错误信息的代码段。

首先看 HAL_GPIO_TogglePin()中的这一句:

```
assert_param(IS_GPIO_PIN(GPIO_Pin));
```

其中,GPIO_Pin 是 HAL_GPIO_TogglePin 的参数,用于指定 I/O 的引脚号,如果引脚为 PB3,则 GPIO_Pin 就是无符号数 0x0008。

IS_GPIO_PIN()是什么意思呢?

从名称上看,应该是判断传递过来的 GPIO_Pin 是否为有效的 GPIO 引脚。GPIO_Pin 是无符号数,它在什么范围才是有效的呢? 按照前面的介绍,GPIO 端口通常为 16 个,GPIO_Pin 从右边第 1 位开始,分别为 0x0001、0x0004、0x0008、…、0x8000。也就是说,传递过来的 GPIO_Pin 应该是不为 0 并且只有 16 位的数。查看固件库中关于 IS_GPIO_PIN()的声明(在 stm32g4xx_hal_gpio.h 文件中),可知它是由 define 宏定义的:

```
#define IS_GPIO_PIN(__PIN__) ((((uint32_t)(__PIN__) & GPIO_PIN_MASK) != 0x00U) &&\
                              (((uint32_t)(__PIN__) & ~GPIO_PIN_MASK) == 0x00U))
```

其中，__PIN__也是库函数中的宏定义，用来指明引脚号；GPIO_PIN_MASK 也是通过宏定义的：

```
#define GPIO_PIN_MASK   (0x0000FFFFU)        /* PIN mask for assert test */
```

在 IS_GPIO_PIN(__PIN__) 的定义中，当右侧两个表达式同时成立时 IS_GPIO_PIN(__PIN__) 才为真（这两个表达式通过 && 连接，&& 后面的 "\" 只是连接符，用于换行连接）。第一个表达式中，(__PIN__) & GPIO_PIN_MASK) 是用于判断传递过来的引脚号是否为 0x0000，因为 GPIO_PIN_MASK 为 0x0000 FFFF，只要 (__PIN__) 不为 0x0000，与 0x0000 FFFF 按位逻辑"与"的结果就不为 0，此时第一个表达式即为真；否则为假。第二个表达式是将传递过来的引脚号和 ~GPIO_PIN_MASK 进行逻辑"与"，只要传递过来的引脚号不多于 16 位，该表达式（==）就为真；否则表达式为假。两个表达式同时为真时，IS_GPIO_PIN(__PIN__) 才为真；此时 assert_param() 中的表达式为真，程序会继续执行。否则就会调用 assert_failed 函数，输出错误信息。

assert_param() 的定义在固件库的 stm32g4xx_hal_conf.h 文件中，其声明如下：

```
#ifdef  USE_FULL_ASSERT
/*
 * @brief   The assert_param macro is used for function's parameters check.
 * @param   expr: If expr is false, it calls assert_failed function which reports the name
 *            of the source file and the source line number of the call that failed.
 *
 *            If expr is true, it returns no value.
 * @retval None
 */
#define assert_param(expr) ((expr) ? (void)0U : assert_failed((uint8_t *)__FILE__, __LINE__))
/* ---- Exported functions ---- */
void assert_failed(uint8_t * file, uint32_t line);
#else
#define assert_param(expr) ((void)0U)
#endif
/* USE_FULL_ASSERT */
```

声明中用到了 ifdef 条件编译。它的定义格式如下：

```
#ifdef 标识符
    程序段 1    //标识符被定义过(通常是用#define命令定义的)，则编译程序段 1
#else
    程序段 2    //否则，编译程序段 2
#endif
```

上述条件编译中可以没有 #else 部分。

此外，条件编译还可以如下定义：

```
♯ifndef 标识符
    ……       //标识符未被定义，则编译程序段
♯endif
```

再看前面 assert_param() 的定义，如果 USE_FULL_ASSERT 已定义过，则会编译下面两条语句：

```
♯define assert_param(expr) ((expr) ? (void)0U : assert_failed((uint8_t *)__FILE__, __LINE__))
void assert_failed(uint8_t * file, uint32_t line);
```

第一句 define 宏定义中的 (void)0U，是空语句的表达式。将 assert_param(expr) 定义为：如果表达式 expr 真，就是空语句 (void)0U；如果表达式 expr 假，则为 assert_failed() 函数。紧跟 define 宏定义后，就是对 assert_failed() 的声明。

当然，如果 USE_FULL_ASSERT 未定义过，则会编译 ♯else 中的内容，就是用 define 宏直接将 assert_param(expr) 定义为空语句 (void)0U。

前面提到过，在 (void)0U 中，"0"后跟个"U"表示此"0"为无符号数。上面 assert_param() 宏定义中的"__FILE__, __LINE__"也是宏定义，用来表示文件和行数。函数 assert_failed() 在这个定义中只是进行了声明，并没有具体定义。具体定义可以放到 main.c 文件中。实际上，在 ex_led_ch2 工程中，main.c 文件的最后已经给出了 assert_failed() 函数的框架，也是采用条件编译的方式给出的。打开 main.c 文件，在最后可以看到如下语句：

```
♯ifdef  USE_FULL_ASSERT
void assert_failed(uint8_t * file, uint32_t line)
{
    /* USER CODE BEGIN 6 */
    /* User can add his own implementation to report the file name and line
      number,tex:printf("Wrong parameters value: file %s on line %d\r\n", file, line) */
    /* USER CODE END 6 */
}
♯endif /* USE_FULL_ASSERT */
```

当然，这里的 assert_failed() 函数是空的，可以在注释对 /* USER CODE BEGIN 6 */、/* USER CODE END 6 */之间加入相应的代码。

2.1.5　主循环中代码修改

当熟悉了 HAL_GPIO_WritePin() 函数的定义之后，就可以修改 ex_led_ch2 中的代码，用 HAL_GPIO_WritePin() 函数来实现对发光二极管亮灭的控制。主要通过修改 main.c 文件中 while(1) 循环的代码来实现。

修改后的代码如下：

```
/* Infinite loop */
/* USER CODE BEGIN WHILE */
while (1)
{
    /* USER CODE END WHILE */
```

```
/* USER CODE BEGIN 3 */
HAL_GPIO_WritePin(LED0_GPIO_Port, LED0_Pin, GPIO_PIN_RESET);
HAL_GPIO_WritePin(LED1_GPIO_Port, LED1_Pin, GPIO_PIN_RESET);
HAL_GPIO_WritePin(LED2_GPIO_Port, LED2_Pin, GPIO_PIN_RESET);
HAL_GPIO_WritePin(LED3_GPIO_Port, LED3_Pin, GPIO_PIN_RESET);
HAL_GPIO_WritePin(LED4_GPIO_Port, LED4_Pin, GPIO_PIN_RESET);
HAL_GPIO_WritePin(LED5_GPIO_Port, LED5_Pin, GPIO_PIN_RESET);
HAL_GPIO_WritePin(LED6_GPIO_Port, LED6_Pin, GPIO_PIN_RESET);
HAL_GPIO_WritePin(LED7_GPIO_Port, LED7_Pin, GPIO_PIN_RESET);
HAL_Delay(500);
HAL_GPIO_WritePin(LED0_GPIO_Port, LED0_Pin, GPIO_PIN_SET);
HAL_GPIO_WritePin(LED1_GPIO_Port, LED1_Pin, GPIO_PIN_SET);
HAL_GPIO_WritePin(LED2_GPIO_Port, LED2_Pin, GPIO_PIN_SET);
HAL_GPIO_WritePin(LED3_GPIO_Port, LED3_Pin, GPIO_PIN_SET);
HAL_GPIO_WritePin(LED4_GPIO_Port, LED4_Pin, GPIO_PIN_SET);
HAL_GPIO_WritePin(LED5_GPIO_Port, LED5_Pin, GPIO_PIN_SET);
HAL_GPIO_WritePin(LED6_GPIO_Port, LED6_Pin, GPIO_PIN_SET);
HAL_GPIO_WritePin(LED7_GPIO_Port, LED7_Pin, GPIO_PIN_SET);
HAL_Delay(500);
}
/* USER CODE END 3 */
```

编译、下载后,会发现 8 个发光二极管同时闪烁,并且闪烁周期与使用 HAL_GPIO_TogglePin() 函数时完全相同。

不过,在用 HAL_GPIO_WritePin() 函数实现上述功能时,用了两次 HAL_Delay(500)。控制 I/O 引脚输出为 0 后,延时 500 ms(第 1 个延时函数),再控制 I/O 输出为 1,再延时 500 ms(第 2 个延时函数)。也就是说,一亮一灭的总时间为 1 s,闪烁频率为 1 Hz。

为什么使用 HAL_GPIO_TogglePin() 函数时仅用了一次 HAL_Delay(500) 呢?仅调用一次延时函数,延时是 500 ms,周期应该是 2 Hz 才对呀?

实际上,HAL_GPIO_TogglePin() 函数实现的是让 I/O 输出状态翻转。譬如,执行当前 HAL_GPIO_TogglePin() 语句后某 I/O 状态变为 0,发光二极管的灯亮,随后延时 500 ms;程序继续循环执行,下一次执行 HAL_GPIO_TogglePin() 语句后,该 I/O 状态翻转为 1,发光二极管灯灭,再延时 500 ms。因此,发光二极管一亮一灭的总时间也是 1 s,闪烁频率为 1 Hz。

≫≫≫ 2.2　流水灯控制

2.2.1　顺次点亮发光二极管

前面的例子是控制 8 个发光二极管同时闪烁,还可以修改代码,实现让 8 个发光二极管按顺序依次闪烁。

实际上,有多种方式可以实现上述功能,下面介绍其中一种方式。

假如还用 HAL_GPIO_WritePin() 实现对 I/O 输出状态的控制。要想实现上述功能,只需顺次改变传递给 HAL_GPIO_WritePin(GPIOx,GPIO_Pin,PinState) 函数的 GPIO_Pin (引脚号)参数就可以了。可以定义一个变量,譬如 led_num 作为引脚号,由于只需控制 8 个 I/O,所以 led_num 只要 8 位就够了,于是可将 led_num 定义为 8 位无符号数(uint8_t)。当然,要实现顺次点亮发光二极管,变量 led_num 的 8 位中,在某一时刻只能有 1 位为 1,以控制其中一个 I/O;到下一时刻,让该位移位,就可控制下一个 I/O。led_num 的初值可以设为 0x01。

定义好 led_num 以后,可以利用一个循环次数为 8 的 for 语句,将 led_num 传递给 HAL_GPIO_WritePin(GPIOx,GPIO_Pin,PinState) 函数的 GPIO_Pin 参数,调用延时函数,随后改变 led_num 的值(移位)。当然,在两次调用 WritePin 函数时,还要配合修改 PinState 参数。这样,就可以实现让灯依次闪烁的功能。

根据以上分析,修改 while(1) 循环中的代码如下:

```
/* Infinite loop */
/* USER CODE BEGIN WHILE */
while (1)
{
    /* USER CODE END WHILE */
    /* USER CODE BEGIN 3 */
    uint8_t led_num = 0x01;
    for (uint8_t i = 0;i < 8;i++)
    {
        HAL_GPIO_WritePin(GPIOB,led_num,GPIO_PIN_RESET);
        HAL_Delay(500);              //延时 500 ms
        HAL_GPIO_WritePin(GPIOB,led_num,GPIO_PIN_SET);
        HAL_Delay(500);              //延时 500 ms
        led_num << = 1;              //通过移位,改变 led_num 的值
    }
}
```

编译、下载后,运行程序,可以看到 8 个发光二极管实现了依次闪烁的效果。

有一点需要注意,在语句 HAL_GPIO_TogglePin(GPIOB, led_num) 中,端口用了 GPIOB,实际上,GPIOB 等同于 LED0_GPIO_Port ~ LED7_GPIO_Port(在 main.h 中通过 define 宏定义实现)中的任意一个。

2.2.2 改变流水灯的状态

2.2.1 小节用代码实现了让 8 个发光二极管按顺序依次闪烁的效果:当第 8 个灯闪烁后,再从第 1 个灯开始。还可以修改代码实现另一种闪烁效果:当第 8 个灯闪烁后,再反方向(从 8 到 1)控制灯的闪烁。

修改 while(1) 循环中的代码如下:

```
/* Infinite loop */
/* USER CODE BEGIN WHILE */
```

```
while (1)
{
    /* USER CODE END WHILE */
    /* USER CODE BEGIN 3 */
    uint8_t led_num = 0x01;
    uint8_t led_num_re = 0x80;
    for (uint8_t i = 0;i < 8;i++)
    {
        HAL_GPIO_WritePin(GPIOB,led_num,GPIO_PIN_RESET);
        HAL_Delay(500);
        HAL_GPIO_WritePin(GPIOB,led_num,GPIO_PIN_SET);
        HAL_Delay(500);
        led_num << = 1;
    }
    for (uint8_t i = 0;i < 8;i++)
    {
        HAL_GPIO_WritePin(GPIOB,led_num_re,GPIO_PIN_RESET);
        HAL_Delay(500);
        HAL_GPIO_WritePin(GPIOB,led_num_re,GPIO_PIN_SET);
        HAL_Delay(500);
        led_num_re >> = 1;
    }
}
```

编译、下载后运行程序,可以看到 8 个发光二极管实现了按正反方向依次闪烁的效果。

2.2.3　进一步改变流水灯的状态

2.2.2 小节的代码是控制 8 个发光二极管闪烁,或按一定方向依次闪烁。还可以进一步修改代码,实现让 8 个发光二极管依次点亮再依次熄灭的效果。

如何实现这个功能呢? 有多种方式可以实现,这里也介绍其中一种方式。

这次使用 HAL_GPIO_TogglePin() 函数,实现对 I/O 输出状态的控制。HAL_GPIO_TogglePin(GPIO_TypeDef * GPIOx, uint16_t GPIO_Pin) 函数有两个参数:一个是端口,由于使用的是 GPIOB 端口,所以可以不用改变;另一个是引脚号,可以尝试在改变引脚号上着手。

这里还是用变量 led_num 作为引脚号,并将其初值设为 0x01。然后依然用一个循环次数为 8 的 for 语句,将 led_num 传递给 HAL_GPIO_TogglePin() 函数的 GPIO_Pin 参数,随后改变 led_num 的值(移位),再调用延时函数。这样就可以实现让发光二极管依次点亮再依次熄灭的流水灯效果。

可以根据上面的分析,修改 while(1)循环中的代码:

```
/* Infinite loop */
/* USER CODE BEGIN WHILE */
while (1)
```

```
{
    /* USER CODE END WHILE */
    /* USER CODE BEGIN 3 */
    uint8_t led_num = 0x01;
    for (uint8_t i = 0; i < 8; i++)
    {
        HAL_GPIO_TogglePin(GPIOB, led_num);
        led_num << = 1;
        HAL_Delay(500);
    }
}
/* USER CODE END 3 */
```

编译、下载后,运行程序,可以看到 8 个发光二极管实现了依次点亮再依次熄灭的效果。

当然,用 MCU 实现对发光二极管的控制,还有很多闪烁模式和实现方法。这里就不再多做介绍了。

习 题

2.1 使用库函数 HAL_GPIO_TogglePin,控制 LD2 及扩展板上的 L1～L8 以 1 Hz 的频率闪烁。

2.2 使用库函数 HAL_GPIO_WritePin,控制 LD2 及扩展板上的 L1～L8 以 5 Hz 的频率闪烁。

2.3 通过单步调试,查看 HAL_GPIO_TogglePin、HAL_GPIO_WritePin 等函数的执行过程。

2.4 实现顺序点亮流水灯。

2.5 控制流水灯:从 1 到 8 顺序控制灯亮灭后,再反方向(从 8 到 1)顺序控制灯亮灭。

2.6 控制流水灯:依次点亮,再依次熄灭。

2.7 渐变方式控制灯亮灭的频率。例如:灯越来越快地点亮,灯越来越快地熄灭……

2.8 控制 1 位数码管,循环显示数字 0～9。

2.9 控制 4 位数码管,每位循环显示 0～9,每位相差 1。

第 3 章 输 入

在前面章节讲述点亮发光二极管的例子中,只用到了 GPIO 的输出功能。本章将通过使用 GPIO 的输入引脚来进一步熟悉 STM32 GPIO 的使用。

3.1 GPIO 作为输入

3.1.1 NUCLEO - G474RE 板上的按键电路

在 NUCLEO - G474RE 板上有两个按键:一个是复位用的,在板上标识为 B2,这个按键连接到了 MCU 的复位引脚上;另一按键 B1 可以为用户使用,连接到了 MCU 的 PC13 引脚上,其电路原理图如图 3.1 所示。图中 B1 为按键,R26 为下拉电阻;U9 是 TVS 过压保护器件;R27 和 C35 构成一个低通滤波器,滤除按键动作时产生抖动干扰;SB16 为电路短接器件,通常是零欧姆电阻。

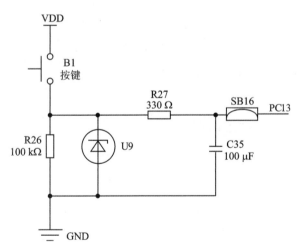

图 3.1 NUCLEO - G474RE 板上的按键 B1 的电路图

从图 3.1 中可以看出,当 B1 被按下时,PC13 引脚被上拉至高电平,即 VDD;没有按下时,PC13 通过 R26 电阻下拉至低电平,即 GND。

本章中,首先通过编程实现如下功能:

用按键 B1 控制 NUCLEO - G474RE 板上 LD2 灯的亮灭。

这个任务涉及两个环节,一个是识别按键状态(输入),另一个是控制 LD2 灯(输出)。

关于 LD2 灯的控制,在第 1 章中介绍过,采用的是 MCU 的 PA5 引脚。从 LD2 的相关电路可知,当 PA5 输出高电平时,LD2 灯亮;当 PA5 输出低电平时,LD2 灯灭。

为实现根据按键 B1 的状态控制发光二极管亮灭这一功能,需要配置 PC13 为输入功能,PA5 为输出功能。当检测到 PC13 为高电平时,说明 B1 被按下,此时通过控制 PA5 的输出电平,点亮或熄灭 LD2 灯。

3.1.2 建立新工程

下面通过一个实例来展示用按键 B1 控制 LD2 灯亮灭的过程。

首先,参照前面章节的例子建立一个新的 STM32 工程。在工程建立的步骤中,选择目标器件为 STM32G474RET6,并为工程起名为 ex_key_ch3,然后继续,直至工程建立完成。最终界面如图 3.2 所示。

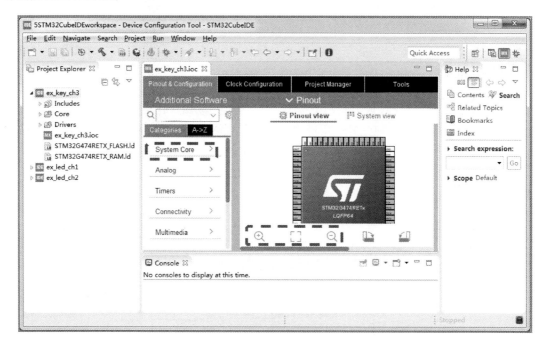

图 3.2　建立新工程

1. 设置 GPIO

在图 3.2 所示的硬件配置界面 ex_key_ch3.ioc 中,首先配置 PC13 为 GPIO_Input(输入),PA5 为输出。在选择图 3.2 中的引脚时,为了方便操作,可以用图中放大和缩小功能的图标按钮。

在图 3.2 所示界面中,打开位于中部的 System Core,从展开的列表中选择 GPIO,会在右侧出现 GPIO 的两行信息,分别对应 PA5 和 PC13,如图 3.3 所示。

用鼠标选中 PC13 所在的行,如图 3.3 所示,会在下面出现 PC13 的详细配置信息。前面已经配置 PC13 为输入,所以在 GPIO 模式(GPIO mode)下拉列表框中显示为输入模式(Input mode)。GPIO 上拉/下拉(GPIO Pull-up/Pull-down)下拉列表框中选择下拉(Pull-down)。在最下面的用户标识(User Label)中将 PC13 命名为 KEY。

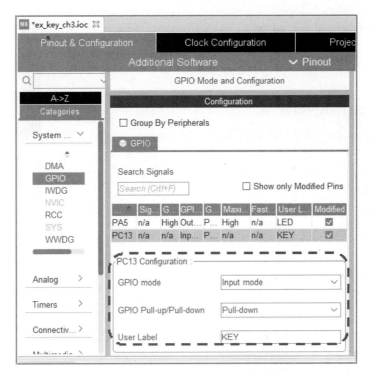

图 3.3　GPIO PA5 和 PC13 的模式与配置

PA5 为输出引脚,用于控制发光二极管,其模式与配置可以参照第 1 章中的相关内容。PA5 的配置参数如图 3.4 所示。

在图 3.4 中,第一个参数是 PA5 的默认输出电平,设置为了 High。由于在 NUCLEO-G474RE 板的硬件上 PA5 引脚输出高电平时发光二极管点亮,输出低电平时发光二极管熄灭,所以,如此配置将会使 LD2 在默认状态下是点亮的。

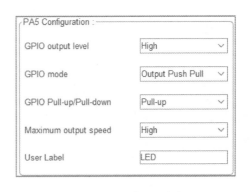

图 3.4　PA5 的配置参数

2. 选择时钟源和 Debug 模式

打开 System Core 中的 RCC,在复位与时钟控制页面,将高速外部时钟(HSE)设置为 Crystal/Ceramic Resonator,使用片外时钟晶体作为 HSE 的时钟源;打开 SYS,在其右侧页面中将 Debug 设置为 Serial Wire。

3. 配置系统时钟

在 Clock Configuration 选项卡中,将系统时钟(SYSCLK)频率配置为 170 MHz,其他与第 2 章中的时钟配置相同。

如此便完成了硬件配置。保存硬件配置界面 ex_key_ch3.ioc,启动代码生成过程(通过单击主菜单 Project 中的 Generate Code 命令来启动),系统会将前面配置硬件的信息自动转换成代码。

3.1.3 代码分析

在工程界面左侧的浏览条目中,展开 Core→Src,其中的 main.c 就是自动生成代码的主程序。双击打开 main.c。

1. MX_GPIO_Init() 函数

打开主程序 main.c,可以看到,该主程序与 ex_led_ch1、ex_led_ch2 的基本类似,区别在 MX_GPIO_Init()上。本章配置了 2 个 GPIO:一个作为输入,另一个作为输出。main.c 中的 MX_GPIO_Init()定义如下:

```
static void MX_GPIO_Init(void)
{
    GPIO_InitTypeDef GPIO_InitStruct = {0};
    /* GPIO Ports Clock Enable */
    __HAL_RCC_GPIOC_CLK_ENABLE();
    __HAL_RCC_GPIOF_CLK_ENABLE();
    __HAL_RCC_GPIOA_CLK_ENABLE();
    /* Configure GPIO pin Output Level */
    HAL_GPIO_WritePin(LED_GPIO_Port, LED_Pin, GPIO_PIN_RESET);
    /* Configure GPIO pin : KEY_Pin */
    GPIO_InitStruct.Pin = KEY_Pin;
    GPIO_InitStruct.Mode = GPIO_MODE_INPUT;
    GPIO_InitStruct.Pull = GPIO_PULLDOWN;
    HAL_GPIO_Init(KEY_GPIO_Port, &GPIO_InitStruct);
    /* Configure GPIO pin : LED_Pin */
    GPIO_InitStruct.Pin = LED_Pin;
    GPIO_InitStruct.Mode = GPIO_MODE_OUTPUT_PP;
    GPIO_InitStruct.Pull = GPIO_PULLUP;
    GPIO_InitStruct.Speed = GPIO_SPEED_FREQ_HIGH;
    HAL_GPIO_Init(LED_GPIO_Port, &GPIO_InitStruct);
}
```

(1) MX_GPIO_Init() 函数的类型

从上面的定义可知,函数 MX_GPIO_Init()的类型为 void,不返回任何值。不过,在 void 前加了一个 static,是什么意思呢? 在 C 语言中,用 static 修饰变量,是定义一个静态变量;在修饰函数时,表示将该函数定义为一个静态函数。静态函数的意思是,该函数只能在定义它的文件中可见,对于 MX_GPIO_Init()函数,只能在 main.c 中可见。实际上,该函数只是用于配置 GPIO 的参数,别的地方也用不到。

(2) MX_GPIO_Init() 函数中用到的结构体变量

接着看 MX_GPIO_Init()函数的定义。

其中第一句定义了一个结构体变量 GPIO_InitStruct,结构体名称为 GPIO_InitTypeDef。这个结构体的声明是在固件库的 stm32g4xx_hal_gpio.h 文件中(可用右键+Open Declaration 打开):

```
typedef struct
{
    uint32_t Pin;
    uint32_t Mode;
    uint32_t Pull;
    uint32_t Speed;
    uint32_t Alternate;
}GPIO_InitTypeDef;
```

通过前面章节的介绍，GPIO_InitTypeDef 在这里是结构体名称，并不是一个结构体变量，所以在使用该结构体类型时，还需要定义变量。

结构体 GPIO_InitTypeDef 中有 5 个成员。

① 成员 Pin 实际就是引脚号，譬如 GPIO_PIN_0～GPIO_PIN_15 等。这些引脚号也是数值，在 stm32g4xx_hal_gpio.h 中有定义：

```
#define GPIO_PIN_0   ((uint16_t)0x0001)        //第 1 个引脚
……
#define GPIO_PIN_15   ((uint16_t)0x8000)        //第 16 个引脚
#define GPIO_PIN_All   ((uint16_t)0xFFFF)        //所有引脚
```

在这些 define 宏定义中，引脚号定义为 uint16_t 类型，而在结构体 GPIO_InitTypeDef 中，成员 Pin 定义为 uint32_t。由此可见，在给 32 位的结构体变量赋值时，实际赋的是 16 位数。

实际上，STM32G4 系列 MCU 的 GPIO 寄存器，都是 32 位的，但有的寄存器只是低 16 位有效。

② 成员 Mode 是指输入、输出等模式。例如：
- 输入模式：GPIO_MODE_INPUT；
- 推挽输出模式：GPIO_MODE_OUTPUT_PP；
- 开漏输出模式：GPIO_MODE_OUTPUT_OD。

当然，还有一些响应外部中断和外部事件的模式，此处暂时略过。

③ 成员 Pull 是用于配置上拉、下拉功能的。例如：
- 不用上拉下拉：GPIO_NOPULL；
- 上拉：GPIO_PULLUP；
- 下拉：GPIO_PULLDOWN。

④ 成员 Speed 用于配置 GPIO 速度，有 4 个挡位。例如：
- 低速：GPIO_SPEED_FREQ_LOW，最高到 5 MHz；
- 中速：GPIO_SPEED_FREQ_MEDIUM，5～25 MHz；
- 高速：GPIO_SPEED_FREQ_HIGH，25～50 MHz；
- 很高速：GPIO_SPEED_FREQ_VERY_HIGH，50～120 MHz。

⑤ 成员 Alternate 涉及引脚复用功能，此处暂不作进一步说明。

再看 MX_GPIO_Init() 函数的定义，第一条语句是给变量 GPIO_InitStruct 赋值，等号右侧为{0}，意思是将结构体中的所有成员都初始化为 0。

（3）MX_GPIO_Init( )函数使能时钟

接下来是三条时钟使能语句，分别使能 GPIOC、GPIOF 和 GPIOA 的时钟。使能 GPIOF 是因为外接晶体用到了 GPIOF 端口。

（4）MX_GPIO_Init( )函数配置 GPIO

因为配置了 PA5 作为输出，所以接下来的一条语句是初始化 PA5 的输出状态，用的是 GPIO_PIN_RESET，即将其初始化为低电平输出。

随后，分别对 PC13（KEY）和 PA5（LED）进行配置。由于已经定义了一个结构体变量 GPIO_InitStruct，所以这里需要先给其中的成员赋值：

```
GPIO_InitStruct.Pin = KEY_Pin;
GPIO_InitStruct.Mode = GPIO_MODE_INPUT;
GPIO_InitStruct.Pull = GPIO_PULLDOWN;
```

在这三条语句中，访问结构体成员变量用的是"．"。

至此，这只是通过结构体变量给成员赋值，还不会作用到硬件（GPIO 寄存器）上。接下来，调用 HAL_GPIO_Init 函数，将结构体变量的信息传递过来并作用到相关 GPIO 寄存器中。所用语句如下：

```
HAL_GPIO_Init(KEY_GPIO_Port, &GPIO_InitStruct);
```

HAL_GPIO_Init 函数有两个参数：一个是端口 KEY_GPIO_Port，也就是 GPIOC；另一个是已经给结构体成员赋值的结构体变量 GPIO_InitStruct，注意在结构体变量前要加"&"。

后面的代码是用类似的方式初始化 PA5，此处不再详述。

2. HAL_GPIO_Init 函数

下面分析 HAL_GPIO_Init 函数是如何实现的，该函数的定义在 stm32g4xx_hal_gpio.c 文件中。由于该函数的定义很长，此处仅截取关键的几条语句。

HAL_GPIO_Init 函数的格式如下：

```
void HAL_GPIO_Init(GPIO_TypeDef * GPIOx, GPIO_InitTypeDef * GPIO_Init)
```

从上述格式可知，它是 void 类型，不需要返回值。它有两个参数：一个是端口，为结构体类型，与前面章节介绍的 HAL_GPIO_TogglePin( )相同；另一个是端口的配置参数，也是结构体类型，前面已介绍过。stm32g4xx_hal_gpio.c 文件中给出的 HAL_GPIO_Init 函数的定义（部分）如下：

```
void HAL_GPIO_Init(GPIO_TypeDef * GPIOx, GPIO_InitTypeDef * GPIO_Init)
{
    uint32_t position = 0x00U;
    uint32_t iocurrent;
    uint32_t temp;
    ……
    /* Configure the port pins */
    while ((((GPIO_Init ->Pin) >> position) != 0U)
    {
```

```
/* Get current IO position */
iocurrent = (GPIO_Init->Pin) & (1UL << position);
if (iocurrent != 0x00u)
{
  /* -------------- GPIO Mode Configuration -------------- */
  /* In case of Alternate function mode selection */
  if ((GPIO_Init->Mode == GPIO_MODE_AF_PP) || (GPIO_Init->Mode == GPIO_MODE_AF_OD))
  {
    ......
  }
  /* Configure IO Direction mode (Input, Output, Alternate or Analog) */
  temp = GPIOx->MODER;
  temp &= ~(GPIO_MODER_MODE0 << (position * 2U));
  temp |= ((GPIO_Init->Mode & GPIO_MODE) << (position * 2U));
  GPIOx->MODER = temp;
  /* In case of Output or Alternate function mode selection */
  if ((GPIO_Init->Mode == GPIO_MODE_OUTPUT_PP) || (GPIO_Init->Mode == GPIO_MODE_AF_PP) ||
(GPIO_Init->Mode == GPIO_MODE_OUTPUT_OD) || (GPIO_Init->Mode == GPIO_MODE_AF_OD))
  {
      ......
      /* Configure the IO Speed */
      temp = GPIOx->OSPEEDR;
      temp &= ~(GPIO_OSPEEDR_OSPEED0 << (position * 2U));
      temp |= (GPIO_Init->Speed << (position * 2U));
      GPIOx->OSPEEDR = temp;
      ......
  }
  /* Activate the Pull-up or Pull down resistor for the current IO */
  temp = GPIOx->PUPDR;
  temp &= ~(GPIO_PUPDR_PUPD0 << (position * 2U));
  temp |= ((GPIO_Init->Pull) << (position * 2U));
  GPIOx->PUPDR = temp;

  /* -------------- EXTI Mode Configuration -------------- */
  /* Configure the External Interrupt or event for the current IO */
  if ((GPIO_Init->Mode & EXTI_MODE) == EXTI_MODE)
  {
    ......
  }
}
    position++;
  }
}
```

(1) HAL_GPIO_Init 函数中 while 语句的条件表达式

HAL_GPIO_Init 函数中主要就是一个 while 语句。先看 while 的条件表达式：

```
((GPIO_Init ->Pin) >> position) ! = 0U
```

其中,最后的"0U"("U"前面提到过,是无符号(Unsigned)的意思)表示数 0 是无符号数 (Unsigned int)。此 while 语句中,后面还有一个 1UL,"1"后面的"UL"表示数 1 为 Unsigned long int。

此处的 GPIO_Init ->Pin 中 GPIO_Init 是通过结构体变量传递过来的参数,实际就是引脚号。因此,对 PC13 来说,这个 GPIO_Init ->Pin 就是 GPIO_PIN_13 对应的数,即 0x2000。 ">>"表示右移。右移多少位呢? 这个右移的位在 position 变量中。由于 position 初始为 0, 0x2000 右移 0 位,值不会改变还是 0x2000,不等于 0,所以,while 的条件是满足的,程序会继续执行。

(2) HAL_GPIO_Init 函数中的 iocurrent 变量赋值语句

接下来的语句是给变量 iocurrent 赋值：

```
iocurrent = (GPIO_Init ->Pin) & (1UL << position);
```

这一行语句是什么意思呢?

前面已经假定当前是在配置 PC13,此时 GPIO_Init ->Pin 为 0x2000,按位逻辑"与"(&) 后面的 1UL << position,是将"1"左移 position 位,而 position 此时为 0,所以还是 1。用 0x2000 与 1 按位相"与",结果为 0。所以,接下来的 if 语句的条件(iocurrent ! = 0x00u)是不满足的,此时程序就会跳到 if 之外,执行最后的 position++,让 position 自加 1;执行后,position 为 1。随后,会继续判断 while 条件是否成立。当然,虽然此时 position 为 1,当 0x2000 右移 1 位后,依然不等于 0,条件是满足的。接着执行 iocurrent 赋值语句,此时将 0x2000 与 0x0002 按位相与,结果 iocurrent 依然为 0。所以,会继续执行 position++语句,一直到 position 为 13,此时在 while 的条件中 0x2000 右移 13 位,结果为 1,还是不等于 0,所以 while 的条件还是满足的。接下来将会继续执行 iocurrent 赋值语句,此时 1 左移 13 位的结果刚好为 0x2000,而 GPIO_Init ->Pin 也为 0x2000,这两个数按位逻辑"与"的结果就不再为 0 了;接下来的 if 语句,条件是满足的,所以会执行 if 中的语句。

(3) HAL_GPIO_Init 函数中的三条 if 语句

当然,在 if (iocurrent ! = 0x00u) {...}中还有三条 if 语句。第一条 if 语句用于复用功能(alternate function),本例中是用作 GPIO,所以不会进入该条 if 语句。第二条 if 语句用于输出或复用功能,由于当前是配置 PC13 作为输入,所以此时也不会执行(在随后配置 PA5 作为输出引脚时会进入)。第三条 if 语句用于外部中断、触发等模式,本例中也不会执行。此外,在第一条 if 语句与第二条 if 语句之间有段配置 I/O 模式的语句(配置 GPIO 的 GPIOx_ MODER 寄存器),在第二条 if 语句和第三条 if 语句之间有段配置 I/O 上拉/下拉功能的语句 (配置 GPIO 的 GPIOx_ PUPDR 寄存器),这两段代码在配置 GPIO 的输入与输出功能时都会执行。

(4) I/O 作为输入时执行的语句

先看配置 PC13 时的情况。配置 PC13 作为输入引脚时会执行下面 4 条语句：

```
/* Activate the Pull-up or Pull down resistor for the current IO */
    temp = GPIOx->PUPDR;
    temp &= ~(GPIO_PUPDR_PUPD0 << (position * 2U));
    temp |= ((GPIO_Init->Pull) << (position * 2U));
    GPIOx->PUPDR = temp;
```

第一条语句是将 GPIOx→PUPDR 赋值给变量 temp。PUPDR 是什么呢？已经知道 GPIOx 是结构体 GPIO_TypeDef 的变量，而这个结构中的成员是 GPIO 的寄存器，所以 PUP-DR 一定是 GPIO 的寄存器。查 STM32G4 系列 MCU 的参考手册，可以看到 PUPDR 的寄存器结构，如图 3.5 所示。

31	30	29	28	27	26	25	24	23	22	21	20	19	18	17	16
PUPD15[1:0]		PUPD14[1:0]		PUPD13[1:0]		PUPD12[1:0]		PUPD11[1:0]		PUPD10[1:0]		PUPD9[1:0]		PUPD8[1:0]	
rw	rw	rw	rw	rw	rw	rw	rw	rw	rw	rw	rw	rw	rw	rw	rw

15	14	13	12	11	10	9	8	7	6	5	4	3	2	1	0
PUPD7[1:0]		PUPD6[1:0]		PUPD5[1:0]		PUPD4[1:0]		PUPD3[1:0]		PUPD2[1:0]		PUPD1[1:0]		PUPD0[1:0]	
rw	rw	rw	rw	rw	rw	rw	rw	rw	rw	rw	rw	rw	rw	rw	rw

图 3.5　GPIOx_PUPDR 寄存器(x 为 A、B、C、D、E、F、G)结构

从图 3.5 中可以看出，PUPDR 有 32 位，每 2 位构成一组，共有 16 组，即 PUPD0～PUPD15(PUPD 是 Pull-up，Pull-down 的缩写)。实际上每一组 PUPDx[1:0]对应一个 GPIO 端口引脚的上拉/下拉配置(下面的数字为二进制)：

- 00:没有上拉，下拉；
- 01:上拉；
- 10:下拉；
- 11:保留。

由于此时配置的是 PC13，所以对应的就是 PUPD13[1:0]，它们在 PUPD 寄存器的第 26 和 27 位(最低位从 0 开始)。

此外，还需要提一下 PUPDR 寄存器的默认值。

在 STM32G4 系列 MCU 的参考手册中，提到了 GPIOx_PUPDR 寄存器的默认值(初始值，即复位后的值)。对于端口 A(GPIOA)，默认值是 0x6400 0000。也就是说，PUPD15[1:0]＝01(二进制)，PA15 默认为上拉；PUPD14[1:0]＝10(二进制)，PA14 默认为下拉。

对于端口 B(GPIOB)，默认值为 0x0000 0100。也就是说，除了 PUPA4[1:0]＝01 以外，其他均为 00。意思是 PB4 默认为上拉，其他不开启上拉、下拉功能。

除了 GPIOA 和 GPIOB 以外，对于其他 GPIO，PUPDR 寄存器的值均为 0x0000 0000，即全部默认为不开启上拉、下拉功能。

由于 PC13 属于 GPIOC，所以默认情况下该端口的 PUPDR 的值为 0。因此，执行 temp＝GPIOx→PUPDR 语句后，temp 的值为 0。

(5) GPIO 作为输入时的电路

在继续分析语句之前，还需要补充一下 GPIO 配置为输入时，在硬件上的信号流程，顺便也介绍一下上拉/下拉的含义。

先看一下输入引脚相关的电路框图,见图 3.6。

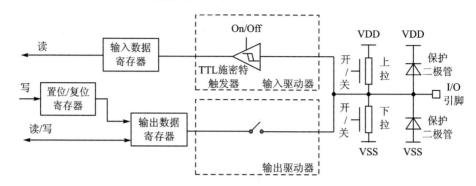

图 3.6　STM32G4xx I/O 作为输入时的电路框图

GPIO 的引脚既可以用作输入,也可以用作输出,但是在同一时刻,只能配置为其中一种(即要么为输入,要么为输出)。用作输入时,输出通道是要关闭的。在图 3.6 中,下方的虚线框是输出的通道,图中画了一个处于打开状态的开关,表示这个通道是断开的。当然,这里是用理想开关作为一种示意,实际是有具体电路的。I/O 用作输入时,走的是上方虚线框中的通道,在图 3.6 中是一个带使能端的施密特触发器,此时这个触发器的使能端是有效的。

图 3.6 最右侧标有"I/O 引脚"的方框,表示引出的 I/O 引脚。此引脚左侧的所有电路都在芯片内部。引脚左侧连接着两个二极管,上面二极管的阴极接到了电源(VDD)上,下面二极管的阳极接到了地(VSS)上。这两个二极管称为保护二极管。正常情况下,I/O 上的安全电平在 VSS(0 V)~VDD 之间。不过,因为 I/O 引脚要与外部的电路相连,所以在引脚上可能会出现一些异常的干扰电平。加上这两个二极管以后,高于电源电压(VDD)的干扰会通过上面的二极管泄放,低于 VSS(0 V)的干扰会通过下面的二极管泄放。这样就可以保证 I/O 电平在安全的范围内。当然,如果干扰的强度超过一定限值,可能会损害二极管;所以,在有强干扰的情况下,在 I/O 引脚连接的外部电路中必须加额外的保护电路。

图 3.6 中,两个保护二极管的左边是两个电阻,上面的电阻标有上拉(pull up),连接到VDD,下面的电阻标有下拉(pull down),连接到 VSS。这两个分别是上拉、下拉电阻。设置它们的目的是使 I/O 引脚有一个确定的电位。图 3.6 中,这两个电阻边上都标有"开/关",也就是说,它们的接入是可控制的。如何来控制呢? 在图 3.6 中并没有给出,这要通过电路来实现。不过,对于使用者来说,只要通过配置寄存器 PUPDR 就可以实现。

当然,I/O 作为输入时,外部输入的电平要通过采样电路送入 I/O 的输入寄存器(GPIOx_IDR)中。

(6) 继续分析 I/O 作为输入时执行的语句

继续来看配置 PUPDR 的代码。

接下来的一行语句是:

```
temp &= ~(GPIO_PUPDR_PUPD0 << (position * 2U));
```

其中,"&="是将变量 temp 与"="后的表达式的值相"与",并把结果赋给 temp。不过由于执行完前面的赋值语句后,temp 已经为 0 了,所以执行这一条语句后,temp 会依然为 0。不过,还是有必要分析一下这一条语句的含义。

在这条语句中,GPIO_PUPDR_PUPD0 是个常量,实际就是在 PUPDR 寄存器中 PUP-DR0[1:0]所在的位的掩码,也就是图3.5中的最低2位的掩码,用二进制表示掩码就是11,即数值3。

由于此时 position 为 13(十进制数),与 2 相乘就是 26,所以上边语句中等号右侧的表达式意思就是将二进制 11 左移 26 位,此时得到的值是一个第 26 和 27 位为 1、其他位均为 0 的32 位数:0x0C00 0000。然后取反,得到的数值为 0xf3ff ffff。不过,与 temp 相"与"后,结果还是为 0。所以,执行完这一条语句后,temp 的值还是 0。

接下来的语句是:

```
temp |= ((GPIO_Init->Pull) << (position * 2U));
```

其中,GPIO_Init 是 HAL_GPIO_Init()函数的第二个参数,是由 MX_GPIO_Init(void)函数传递过来的。在 MX_GPIO_Init(void)函数中,就是结构体变量 GPIO_InitStruct。在该函数中,给该变量做过如下赋值:

```
GPIO_InitStruct.Pull = GPIO_PULLDOWN;
```

所以,上述语句中的 GPIO_Init->Pull 就是 GPIO_PULLDOWN,也就是下拉。

在 stm32g4xx_hal_gpio.h 中,关于 GPIO_PULLDOWN,有一个宏定义:

```
#define  GPIO_PULLDOWN  (0x00000002U)
```

GPIO_PULLDOWN 的值是 2,用二进制表示就是 10。

前面已知,此时 position 为 13,position * 2 就是 26;二进制数 10 左移 26 位,结果是0x0800 0000。

"|="是将"="后的表达式的值与 temp 相"或",然后再赋值给 temp。所以,此句执行完毕后,temp 的值为 0x0800 0000。

接下来的语句是:

```
GPIOx->PUPDR = temp;
```

该语句表示将 temp 的值赋值给 PUPDR 寄存器,也就是说,把 0x0800 0000 赋值给 PUP-DR 寄存器。

对应图 3.5 中 PUPDR 寄存器的结构,刚好是 PUPD13[1:0]的值为二进制数 10,也就是说,将 PC13 配置为下拉模式。

至此,PUPDR 就配置完毕。

(7) I/O 作为输出的相关电路说明

要配置 PA5 作为输出引脚,先来看一下将 GPIO 配置为输出 I/O 功能需要做哪些事情。

先看一下输出引脚相关的电路框图,见图 3.7。

当配置 I/O 引脚为输出功能时,走的路径是图 3.7 中下部的虚线框,这部分内容在图 3.6中是用一个理想开关代替的。

在 STM32 MCU 中,输出有两种模式:一种是开漏(open drain),另一种是推挽(push-pull)。这是两种常见的电路输出方式,在这里简单介绍一下。

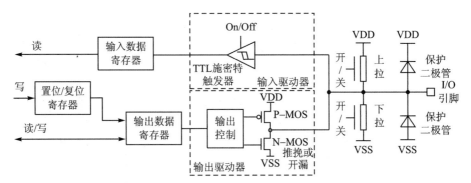

图 3.7　STM32G4xx I/O 作为输出时的电路框图

在 push-pull 模式时,会用到图 3.7 中的 P-MOS 和 N-MOS 两个 MOS 管。这两个管子是互补输出的,也就是说,上面的 P-MOS 导通,下面的 N-MOS 就会截止,此时输出高电平;P-MOS 截止,N-MOS 导通,则输出低电平。

所谓开漏(open drain)的"漏",就是 MOS 管的漏极。开漏模式就是由 MOS 管的漏极作为输出。此时,只需要将图 3.7 中下面那个 N-MOS 管接在输出和地之间。开漏模式比推挽模式少用一个 P-MOS。此时,要输出高电平就需要上拉电阻配合。因此,如果设置了 I/O 为开漏输出模式,通常要配置为上拉。

(8) I/O 作为输入时执行的语句

接着分析 HAL_GPIO_Init 函数。在配置 PA5 时,程序会执行到中间这条 if 语句。再来分析一下配置 GPIOx_OSPEED 寄存器的过程。这个寄存器是配置 I/O 引脚速度参数的。关键的几句代码如下:

```
/* In case of Output or Alternate function mode selection */
if (…)
{
    ……
    /* Configure the IO Speed */
    temp = GPIOx ->OSPEEDR;
    temp & = ~(GPIO_OSPEEDR_OSPEED0 << (position * 2U));
    temp | = (GPIO_Init ->Speed << (position * 2U));
    GPIOx ->OSPEEDR = temp;
    ……
}
```

配置这个寄存器也是执行 4 条语句,与前面介绍的配置 PUPDR 寄存器的过程基本类似。当然,在配置 PA5 时,当程序执行到这几句代码时,变量 position 的值应该是 5。

第一条语句是将 GPIOx ->OSPEEDR 赋值给变量 temp。

OSPEED 是什么呢?根据前面的介绍,已经了解到 GPIOx 是结构体 GPIO_TypeDef 的变量,而这个结构体中的成员是 GPIO 的寄存器,所以 OSPEED 一定是 GPIO 的寄存器。查 STM32G4 系列 MCU 的参考手册,可以看到 OSPEED 的寄存器结构,如图 3.8 所示。

从图 3.8 中可以看出,OSPEED 有 32 位,每 2 位构成一组,共有 16 组,即 OSPEED0～OSEED15。实际上,每一组 OSPEEDx[1:0]对应一个 GPIO 端口引脚的速度配置(以下数字

31	30	29	28	27	26	25	24	23	22	21	20	19	18	17	16
OSPEED15 [1:0]		OSPEED14 [1:0]		OSPEED13 [1:0]		OSPEED12 [1:0]		OSPEED11 [1:0]		OSPEED10 [1:0]		OSPEED9 [1:0]		OSPEED8 [1:0]	
rw	rw	rw	rw	rw	rw	rw	rw	rw	rw	rw	rw	rw	rw	rw	rw

15	14	13	12	11	10	9	8	7	6	5	4	3	2	1	0
OSPEED7 [1:0]		OSPEED6 [1:0]		OSPEED5 [1:0]		OSPEED4 [1:0]		OSPEED3 [1:0]		OSPEED2 [1:0]		OSPEED1 [1:0]		OSPEED0 [1:0]	
rw	rw	rw	rw	rw	rw	rw	rw	rw	rw	rw	rw	rw	rw	rw	rw

图 3.8　GPIOx_OSPEED 寄存器(x 为 A、B、C、D、E、F、G)结构

为二进制):

- 00:低速;
- 01:中速;
- 10:高速;
- 11:很高速。

GPIOx_OSPEED 寄存器的默认值有两种情况:对于端口 A(GPIOA),默认值为 0x0C00 0000;对于其他端口,默认值一律为 0x0000 0000。

此时配置的是 PA5,对应的就是 OSPEED5[1:0],它们在 OSPEED 寄存器的第 10 和 11 位(最低位从 0 开始)。不过,由于 GPIOA 的 OSPEED 寄存器,默认值为 0x0C00 0000,所以执行完这条赋值语句后,temp 的值为 0x0C00 0000。

继续往下看:

```
temp &= ~(GPIO_OSPEEDR_OSPEED0 << (position * 2U));
```

"&="是将变量 temp 与"="后的表达式的值相"与",并把结果赋给 temp。

GPIO_OSPEEDR_OSPEED0 是个常量,实际就是在 OSPEED 寄存器中,OSPEED0[1:0]所在的位的掩码,也就是图 3.8 中的最低 2 位的掩码,用二进制表示掩码就是 11,即数值 3(十进制)。

由于此时 position 为 5,与 2 相乘就是 10(十进制)。所以上边的语句中等号右侧的表达式意思就是将二进制 11 左移 10 位,结果为 0x0000 0C00;然后,将该值取反,可以得到 0xFFFF F3FF。

将 temp 当前的值 0x0C00 0000 与 0xFFFF F3FF 相"与",结果为 0x0C00 0000,该值会赋给 temp。所以该语句执行完毕后,temp 的值为 0x0C00 0000。这个结果与 OSPEED 寄存器的默认值相比较,在数值上没有什么变化。做这些操作有何意义呢?

实际上,这两个 temp 赋值语句的目的是,将 OSPEED 寄存器中要配置的相应位(对 PA5 来说,就是第 10 和 11 位)变为 00,以便接下来做修改。这里与默认值相同的原因是,在此次读取 OSPEED 寄存器的时刻,这两位本来就为 00。

接下来,程序继续执行以下语句:

```
temp |= (GPIO_Init->Speed << (position * 2U));
```

该语句中,GPIO_Init->Speed 是取出在 MX_GPIO_Init 函数中配置的 Speed 值:

```
GPIO_InitStruct.Speed = GPIO_SPEED_FREQ_HIGH
```

GPIO_SPEED_FREQ_HIGH 在 stm32g4xx_hal_gpio.h 中被定义如下：

＃define GPIO_SPEED_FREQ_HIGH （0x00000002U）

也就是二进制数 10，是高速时钟。

将二进制数 10 左移 10 位后，结果为 0x0000 0800，与 temp 的当前值 0x0C00 0000 相"或"后，得到 0x0C00 0800。这个结果与 OSPEED 寄存器的默认值相比较，OSPEED5[1:0]的值被修改为二进制数 10，即配置 PA5 的速度为高速。

3.1.4 代码修改

接下来，就可以着手在 main 函数的 while 循环中编写代码了。不过，在编写代码前，需要先熟悉一下如何查找想要的库函数。

1. 如何查找库函数

前面用过两个控制 GPIO 输出的库函数 HAL_GPIO_TogglePin() 和 HAL_GPIO_WritePin()。读取 GPIO 输入的库函数是哪个呢？

可以在 main.c 中（譬如在待编写代码的 while 循环中）键入 HAL_GPIO_，然后用快捷键 Alt＋/启动代码自动提示功能，将会显示固件库中所有以"HAL_GPIO_"开头的库函数，如图 3.9 所示。

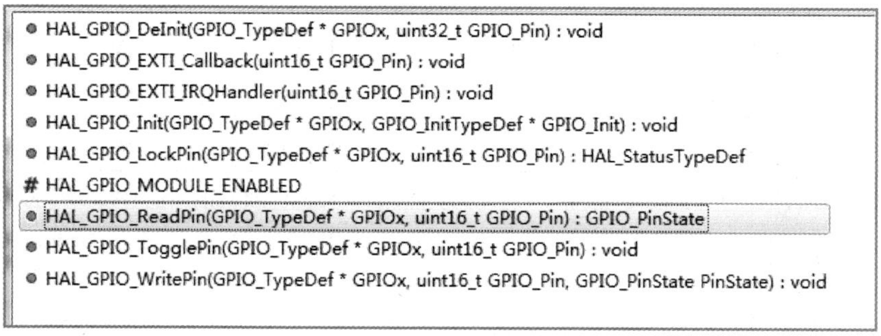

图 3.9 以"HAL_GPIO_"开头的库函数

图 3.9 中，倒数第三个是 HAL_GPIO_ReadPin(GPIOx，GPIO_Pin)，从函数名称上即可判断出这个函数就是用于读取输入引脚状态的函数。该函数有两个参数。

2. 读取 GPIO 状态的库函数

在 while(1)循环中加入 HAL_GPIO_ReadPin()函数后，可以将光标移到它的上面右击，然后选择 Open Declaration，可以查看该函数的定义：

```
GPIO_PinState HAL_GPIO_ReadPin(GPIO_TypeDef * GPIOx，uint16_t GPIO_Pin)
{
  GPIO_PinState bitstatus;
  /* Check the parameters */
  assert_param(IS_GPIO_PIN(GPIO_Pin));
  if ((GPIOx ->IDR & GPIO_Pin) ! = 0x00U)
  {
```

```
      bitstatus = GPIO_PIN_SET;
  }
  else
  {
    bitstatus = GPIO_PIN_RESET;
  }
  return bitstatus;
}
```

通过前面章节的介绍,知道了 HAL_GPIO_TogglePin()和 HAL_GPIO_WritePin()函数都是 void 类型。不过,从上面 HAL_GPIO_ReadPin 函数的定义中可以看出,HAL_GPIO_ReadPin 函数的类型是 GPIO_PinState,而 GPIO_PinState 是枚举类型。在第 2 章介绍过,它有两个成员 GPIO_PIN_RESET 和 GPIO_PIN_SET,取值为 0 和 1。也就是说,调用 HAL_GPIO_ReadPin 函数,需要返回引脚的状态,该状态要么为 0(低电平),要么为 1(高电平)。

在 HAL_GPIO_ReadPin 函数的定义中,首先声明了类型同样为 GPIO_PinState 的变量 bitstatus;紧接着是一个 assert_param()语句,用于判断传递过来的引脚号是否在有效范围内;随后,在 if 语句的条件表达式中,读取了 GPIO 的输入数据寄存器 IDR。GPIOx→IDR & GPIO_Pin 的作用是取出 IDR 中与引脚号相对应的位,如果该位不为 0,则将 1(GPIO_PIN_SET)赋给变量 bitstatus;如果该位为 0,则将 0 赋给 bitstatus。if 语句之后,用 return 返回 bitstatus。

在 STM32G4 系列 MCU 的参考手册中,可以查到 IDR 寄存器的结构,如图 3.10 所示。

31	30	29	28	27	26	25	24	23	22	21	20	19	18	17	16
Res	Res	Res	Res	Res	Res	Res	Res	Res	Res	Res	Res	Res	Res	Res	Res

15	14	13	12	11	10	9	8	7	6	5	4	3	2	1	0
ID15	ID14	ID13	ID12	ID11	ID10	ID9	ID8	ID7	ID6	ID5	ID4	ID3	ID2	ID1	ID0
r	r	r	r	r	r	r	r	r	r	r	r	r	r	r	r

图 3.10　GPIOx_IDR 寄存器(x 为 A、B、C、D、E、F、G)结构

从图 3.10 中可以看出,IDR 只是用了低 16 位,分别对应 GPIO 端口的 16 个引脚。ID[15:0]就是相应引脚的输入状态数据,不过,如图 3.10 所示,ID[15:0]下面标有"r",表示该位只可读("r"是 read 的缩写)。

3. 编写读/写 GPIO 的代码

在本章中,用 PC13 作为按键状态的输入引脚,该引脚所属端口为 GPIOC;用 PB5 作为控制发光二极管的输出引脚,所属端口为 GPIOB。不过,在前面配置端口的模式时,给 PC13 起了一个用户标识 KEY,给 PB5 起的是 LED,所以在 main.h 文件中,可以看到如下的宏定义:

```
#define KEY_Pin GPIO_PIN_13
#define KEY_GPIO_Port GPIOC
#define LED_Pin GPIO_PIN_5
```

```
#define LED_GPIO_Port GPIOA
```

这样,就可以写出这两个函数的完整语句:

```
HAL_GPIO_ReadPin(KEY_GPIO_Port, KEY_Pin);
HAL_GPIO_WritePin(LED_GPIO_Port, LED_Pin, GPIO_PIN_SET);
```

由于 HAL_GPIO_ReadPin 函数需要返回引脚的输入状态,类型是 GPIO_PinState,所以可以先在 main.c 中定义一个变量 KEY,类型为 GPIO_PinState。因为 GPIO_PinState 的成员是 GPIO_PIN_RESET 和 GPIO_PIN_SET,实际就是 0 和 1,所以,也可以将变量 KEY 的类型定义为 uint8_t。

将变量 KEY 的定义放到 main 函数中第一个注释对/* USER CODE BEGIN 1 */与/* USER CODE END 1 */中间:

```
/* USER CODE BEGIN 1 */
  GPIO_PinState KEY;
/* USER CODE END 1 */
```

随后,在 while(1)循环中写下如下代码:

```
/* Infinite loop */
while (1)
{
    /* USER CODE BEGIN 3 */
    KEY = HAL_GPIO_ReadPin(KEY_GPIO_Port, KEY_Pin);
    if (KEY == GPIO_PIN_SET)
    {
      HAL_GPIO_WritePin(LED_GPIO_Port, LED_Pin, GPIO_PIN_RESET);
    }
    else
    {
      HAL_GPIO_WritePin(LED_GPIO_Port, LED_Pin, GPIO_PIN_SET);
    }
}
/* USER CODE END 3 */
```

代码编写完毕后,编译工程。如果没有出现错误,就可以下载到硬件中。

4. 下载与运行

在下载之前,先打开主菜单 Run 选择 Debug Configurations 命令,在弹出的创建、管理和运行配置(Create, manage, and run configurations)界面中,用鼠标右击左侧栏目中的 STM32 Cortex-M C/C++ Application,可以建立一个新配置(New Configuration),将其命名为 ex_key_ch3 Debug(如果先完成工程编译过程,则会自动完成配置过程),如图 3.11 所示。

在图 3.11 中,可以(通过 Name 文本框)修改创建的 Debug 配置的名称。注意,在 C/C++ Application 处,要确保后缀为.elf 的下载文件是本工程的下载文件(即 ex_key_ch3.elf)。最后,单击 Debug 按钮即可自动完成下载。

下载完成后,单击工具栏上的 Resume 按钮就可以运行程序。

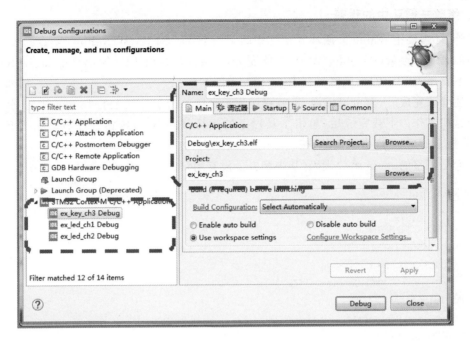

图 3.11 创建 ex_key_ch3 Debug

板上的 LD2 在初始时是点亮的,按下 B1 键 LD2 就会熄灭,如此便实现了用按键控制发光二极管亮灭的功能。

3.2 完善与扩展

3.2.1 改变控制策略

前面编写的代码,要求是在按键 B1 没有按下时灯亮,按下后灯灭。如果要求 B1 没按时灯灭,按下时灯亮,该如何修改呢?

1. 修改硬件配置

首先,需要把硬件配置中 PB5 的输出电平初始值由 High 改为 Low。

在工程主界面左侧,双击 ex_key_ch3.ioc,打开引脚配置界面,选择 System Core 中的 GPIO,将 PA5 的 GPIO output level 值修改为 Low,然后单击保存按钮,启动代码自动生成功能,完成代码更新。

由于添加的代码都放到了注释对中,所以代码自动更新并不会删除前面添加的代码。打开 main.c,可以看到在 MX_GPIO_Init 函数中配置 GPIO 引脚输出电平的语句:

```
/* Configure GPIO pin Output Level */
  HAL_GPIO_WritePin(LED_GPIO_Port, LED_Pin, GPIO_PIN_RESET);
```

该函数的最后一个参数,即初始状态参数,已修改为 GPIO_PIN_RESET。

2. 修改主循环中的代码

另外，还需要把 while(1)循环 if 语句中的两句 HAL_GPIO_WritePin()函数修改一下，即将它们的第 3 个参数(PinState)调换，功能变为：if 条件满足时 PB5 输出高电平(GPIO_PIN_SET)，不满足时 PB5 输出低电平(GPIO_PIN_RESET)。

上述修改完成后，就可以编译、下载程序了。直接单击工具栏上的 Debug 按钮，就可以自动完成这些工作。下载完成后，单击工具栏上的运行(Resume)按钮程序就会运行起来。这次，看到板上的 LD2 灯是熄灭的，按下 B1 键后 LD2 灯才会点亮。

下面是完整的 main 函数代码(其中删去了没有用到的注释对)：

```
int main(void)
{
  /* USER CODE BEGIN 1 */
  GPIO_PinState KEY;
  /* USER CODE END 1 */
    /* -------MCU Configuration-------*/
  HAL_Init();
  SystemClock_Config();
  MX_GPIO_Init();
  /* Infinite loop */
  while (1)
  {
    /* USER CODE BEGIN 3 */
    KEY = HAL_GPIO_ReadPin(KEY_GPIO_Port, KEY_Pin);
    if (KEY == GPIO_PIN_SET)
    {
      HAL_GPIO_WritePin(LED_GPIO_Port, LED_Pin, GPIO_PIN_SET);
    }
    else
    {
      HAL_GPIO_WritePin(LED_GPIO_Port, LED_Pin, GPIO_PIN_RESET);
    }
  }
  /* USER CODE END 3 */
}
```

3.2.2 进一步修改控制策略

前一小节代码完成的是按下 B1 键 LD2 灯点亮，松开 B1 键 LD2 灯熄灭。也就是说，LD2 灯点亮的时间由 B1 键被按下的时间来决定。下面通过修改代码实现：按下 B1 键后 LD2 灯会以 1 Hz 的频率闪烁，松开 B1 键后 LD2 灯熄灭。

要实现这个功能，可以用 HAL_GPIO_TogglePin()函数，只需修改 while(1)循环中的代码即可。下面给出了修改后的代码：

```
/* Infinite loop */
```

```
  while (1)
  {
    /* USER CODE BEGIN 3 */
    KEY = HAL_GPIO_ReadPin(KEY_GPIO_Port, KEY_Pin);
    if (KEY == GPIO_PIN_SET)
    {
      HAL_GPIO_TogglePin(LED_GPIO_Port, LED_Pin);
      HAL_Delay(500);
    }
    else
    {
      HAL_GPIO_WritePin(LED_GPIO_Port, LED_Pin, GPIO_PIN_RESET);
    }
  }
  /* USER CODE END 3 */
```

3.2.3　控制蜂鸣器

1. 蜂鸣器电路

在前面例子的基础上,可以用按键 B1 控制一个蜂鸣器。不过,NUCLEO - G474RE 板上没有蜂鸣器,需要用扩展板上的蜂鸣器电路,该电路原理图如图 3.12 所示。

由于驱动蜂鸣器需要一定的电流,所以图 3.12 所示电路中用了一个 PNP 型三极管 (8550)来驱动蜂鸣器 Bell。电源 VDD 接在三极管的发射极上,所以当 BUZZ 端是低电平时,三极管导通,蜂鸣器会响。

选择 PA4 作为控制蜂鸣器的控制引脚。在 NUCLEO - G474RE 板上,PA4 通过 CN7 接口的第 32 个引脚引出。可用杜邦线将该引脚连接至扩展板的 BUZZ 端子上。

2. 配置 GPIO

由于增加了 PA4 引脚,所以需要打开 ex_key_ch3.ioc 文件,将 PA4 配置为输出功能 (GPIO_Output),同时配置 PA4 的参数,如图 3.13 所示。

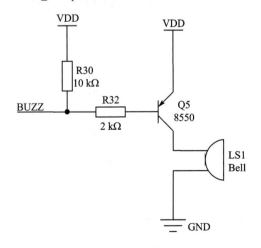

PA4 Configuration :	
GPIO output level	High
GPIO mode	Output Push Pull
GPIO Pull-up/Pull...	Pull-up
Maximum output ...	High
User Label	BUZ

图 3.12　蜂鸣器电路　　　　　　　　　　图 3.13　配置 PA4 的参数

注意,由于扩展板上的蜂鸣器电路是低电平时响,所以需要将 PA4 的初始输出电平设置为 High(否则代码一运行,蜂鸣器就会响)。在图 3.13 中,给 PA4 的用户标识起了个名称 BUZ。.ioc 文件配置完毕后,单击保存文件,启动自动代码生成功能,完成代码更新。打开 main.c 文件后,会发现增加了与 PA4 相关的代码。PA4 从 CN7 的第 32 引脚送出(见图 2.4),用杜邦线将该引脚与蜂鸣器的控制器端子连接起来。

3. 修改主循环中的代码

接下来,就可以在前面代码的基础上完善代码。只需修改 while(1)循环中的代码即可。参考代码如下:

```
/* Infinite loop */
while (1)
{
    /* USER CODE BEGIN 3 */
    KEY = HAL_GPIO_ReadPin(KEY_GPIO_Port, KEY_Pin);
    if (KEY == GPIO_PIN_SET)
    {
      HAL_GPIO_TogglePin(LED_GPIO_Port, LED_Pin);
      HAL_GPIO_TogglePin(BUZ_GPIO_Port, BUZ_Pin);
      HAL_Delay(500);
    }
    else
    {
      HAL_GPIO_WritePin(LED_GPIO_Port, LED_Pin, GPIO_PIN_RESET);
      HAL_GPIO_WritePin(BUZ_GPIO_Port, BUZ_Pin, GPIO_PIN_SET);
    }
}
/* USER CODE END 3 */
```

编译、下载后,单击工具栏上的 Resume 按钮,将程序运行起来。

按下 B1 键,会发现 LD2 灯闪烁的同时,蜂鸣器也会以 1 Hz 的频率发出响声。松开 B1 键后,LD2 灯熄灭,蜂鸣器不会再响。

当然,在上面代码中,如果没有最后面那一条给 PA4 写 GPIO_PIN_SET ("1")的语句:

```
HAL_GPIO_WritePin(BUZ_GPIO_Port, BUZ_Pin, GPIO_PIN_SET)
```

那么在松开 B1 键后,有可能蜂鸣器会一直响。

由于只用了一个按键,所以上面的代码将读取按键状态的语句直接写在了 while 循环中。实际中可能有多个按键,常用的编码方式是编写一个按键读取子程序。

3.2.4 用子程序方式实现上述功能

将 3.2.3 小节的代码修改为用子程序来读取按键的状态。

1. 定义按键状态变量

将语句:

```
KEY = HAL_GPIO_ReadPin(KEY_GPIO_Port, KEY_Pin);
```

修改为一个 define 宏定义：

```
/* ------ Private macro ------*/
/* USER CODE BEGIN PM */
#define KEY_B1 HAL_GPIO_ReadPin(KEY_GPIO_Port, KEY_Pin)
/* USER CODE END PM */
```

注意，该语句是放在 main 函数前面/* USER CODE BEGIN PM */和/* USER CODE END PM */之间的注释对中，并且将 KEY 改成了 KEY_B1，这是考虑到可能有多个按键的情况。

2. 建立读取按键状态的子程序

给按键状态读取子程序起名为 KEY_scan()，只是用它读取与按键相连接的 I/O 状态，不需要给它传递参数，但需要返回值。由于按键的状态只有 0 和 1，故可以将该子程序的类型定义为 uint8_t。在定义该子程序前，还需要在 main 函数前对其进行声明，声明语句也需要放置到注释对中。本例中，可以将它放到 MX_GPIO_Init() 函数下面的注释对中间：

```
/* Private function prototypes -*/
void SystemClock_Config(void);
static void MX_GPIO_Init(void);
/* USER CODE BEGIN PFP */
uint8_t KEY_scan(void);
/* USER CODE END PFP */
```

声明之后，就可以编写该子程序的实现代码了。当然，由于只有一个按键 B1，所以这个子程序也比较简单。具体代码如下：

```
/* USER CODE BEGIN 4 */
uint8_t KEY_scan(void)
{
    if (KEY_B1 == 1)
    {
        return 1;
    }
    else
        return 0;
}
/* USER CODE END 4 */
```

定义子程序 KEY_scan()的代码，放到注释对/* USER CODE BEGIN 4 */和/* USER CODE END 4 */之间。

3. 修改主循环中代码

对 KEY_scan()的定义完成后，就可以在 main 函数中进行调用了。在本例中，实际就是替换掉 while(1)循环中读取 I/O 状态的那一条语句。下面给出 while(1)中的代码：

```
/* Infinite loop */
while (1)
{
    /* USER CODE BEGIN 3 */
    KEY = KEY_scan();
    if (KEY == GPIO_PIN_SET)
    {
      HAL_GPIO_TogglePin(LED_GPIO_Port, LED_Pin);
      HAL_GPIO_TogglePin(BUZ_GPIO_Port, BUZ_Pin);
      HAL_Delay(500);
    }
    else
    {
      HAL_GPIO_WritePin(LED_GPIO_Port, LED_Pin, GPIO_PIN_RESET);
      HAL_GPIO_WritePin(BUZ_GPIO_Port, BUZ_Pin, GPIO_PIN_SET);
    }
}
/* USER CODE END 3 */
```

上面的代码中保留了变量 KEY。

看到这里,可能会有疑惑,这种用子函数读取按键状态的方式,在 main 函数中只修改了一条语句,却在外面增加了 N 条语句,有这个必要吗? 的确,对于仅使用一个按键来说,使用子函数的意义不大。但是,当同时使用多个按键时,采用子函数的方式对于代码的可读性来说还是很有帮助的。

4. 按键消抖

关于按键的使用,还有一个防按键抖动或消抖的问题。

由于按键是一种机械开关,触点闭合和断开瞬间会有一个短暂的不稳定状态,也就是常说的抖动,持续实际大约在几个 ms。因此,有时为了可靠起见,通常在读取按键的 I/O 状态后加上几 ms 的延时,延时过后再读取 I/O 状态,并将此时的状态作为最终值。这是一种比较常用的软件消抖方式。

在上面的例子中,用于消抖的延时函数可以加到 KEY_scan()子程序中:

```
/* USER CODE BEGIN 4 */
uint8_t KEY_scan(void)
{
  if (KEY_B1 == 1)
  {
    HAL_Delay(10);                    //开关消抖,延时 10 ms
    if (KEY_B1 == 1) return 1;
  }
  else
    return 0;
}
/* USER CODE END 4 */
```

习　题

3.1　编程实现以下功能:按下 B1 键后,LD2 灯会以 1 Hz 的频率闪烁;松开 B1 键后,LD2 灯以 5 Hz 的频率闪烁。

3.2　编程实现以下功能:第一次按下 B1 键,LD2 灯以 0.25 Hz 的频率闪烁;第二次按下 B1 键,LD2 灯以 1 Hz 的频率闪烁;第三次按下 B1 键,LD2 灯以 2 Hz 的频率闪烁;再按 B1 键,重复上述过程。

3.3　编程实现以下功能:按下 B1 键后,蜂鸣器以 1 Hz 的频率发出响声;松开 B1 键后,蜂鸣器不响。

3.4　在习题 3.3 的基础上,实现用按键切换流水灯的效果(自由发挥)。

3.5　编程实现以下功能:连续按 B1 键的次数为 N 时,蜂鸣器响 N 次;并且将按键次数通过 L1～L8 以二进制方式显示出来(亮 1 灭 0;LED1 为最低位)。

3.6　在习题 3.5 的基础上,实现用扩展板上的数码管显示计数值。

第4章 中 断

在第3章中,介绍了通过按键来控制发光二极管和蜂鸣器的过程。为了实现该功能,在 main 函数的 while(1)循环中用库函数读取按键的状态,根据返回结果控制 I/O 输出,使发光二极管闪烁,让蜂鸣器响。在这种处理方式下,MCU 一直在等待按键被按下,也可以说程序一直在查询按键是否被按下的状态。为什么要一直查询呢?因为按键何时被按下是一个不确定事件,使用这种方式,MCU 只有通过不停地查询才能判断按键的当前状态。在这种查询方式下,MCU 需要花很多时间"等待"某一寄存器(譬如端口的数据寄存器)状态的变化;也可以说,MCU 用了大部分时间做这种"等待"的工作。这实际上是一种低效率的实现方式。

有没有更好的方式呢?有,就是使用 MCU 的中断。

》》 4.1 GPIO 外部中断

简单来说,所谓中断就是 MCU 暂停当前的工作,去处理突发事件;处理完毕后,再返回做原先的工作。这种机制,与 MCU 一直查询某个寄存器,根据寄存器的值再发出相应动作的方式是不同的;以中断的方式来处理突发事件,对 MCU 来说是高效的。当然,在 MCU 中,中断机制的实现需要专门的硬件。本章主要介绍外部中断。

本章的例子实现的功能与第3章类似,也是让 MCU 根据按键的状态来控制发光二极管和蜂鸣器。不过,从实现方法上来说,与第3章是不同的,将会采用中断的方式来实现对按键状态的读取。

4.1.1 建立新工程

首先,参照前面章节的例子建立一个新的 STM32 工程。在工程建立的步骤中,选择目标器件 STM32G474RET6,并为工程起名为 ex_exti_ch4,然后继续,直至工程建立完成。

1. 配置 GPIO

在硬件配置界面 ex_exti_ch4.ioc 中,配置 PA4、PA5 为输出,配置 PC13 为 GPIO_EXTI13(中断模式),如图 4.1 所示。

在工程主界面中,打开 System Core,从展开的列表中选择 GPIO,会在右侧出现 GPIO 的模式和配置信息。会看到三行信息,分别对应 PA4、PA5 和 PC13,如图 4.2 所示。

2. 配置 GPIO 外部中断

如图 4.2 所示,选择 PC13 所在的行,会出现关于 PC13 的配置信息,如图 4.3 所示。

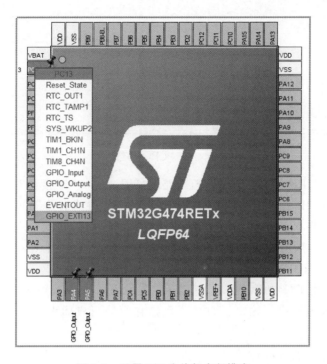

图 4.1 配置 I/O 为外部中断模式

图 4.2 GPIO 的模式与配置

在图 4.3 中,GPIO 模式(GPIO mode)用来配置中断的触发方式,单击右侧的小箭头会弹出一个选项列表框,包括三个外部中断模式(External Interrupt Mode)和三个外部事件模式(External Event Mode)。其中三个外部中断模式主要是选择触发方式,分别为:

- 上升沿触发(Rising edge trigger detection);
- 下降沿触发(Falling edge trigger detection);
- 上升/下降沿触发(Rising/Falling edge trigger detection)。

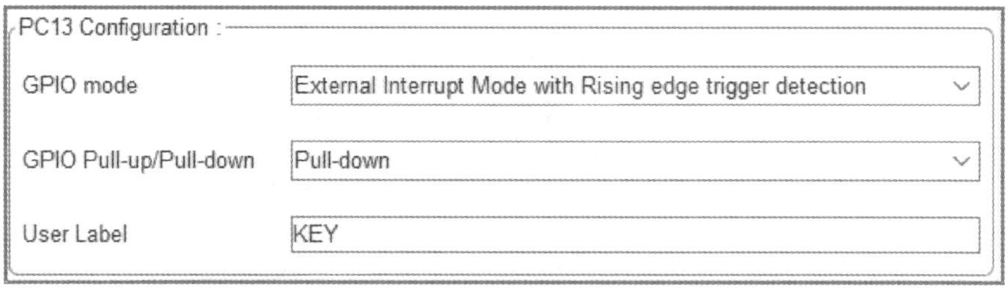

图 4.3　PC13 的配置

NUCLEO - G474RE 板上的 B1 按键(电路图见图 3.1),一端接在电源(VDD)上,另一端通过电阻接地。连接 B1 按键电路的 PC13 引脚上的电位,在没有按下 B1 键时,是下拉到地电位的;按下 B1 键后,将在 PC13 引脚上产生一个上升沿。所以,在此要将 PC13 的触发模式选择为上升沿触发。同时,还要将 GPIO 上拉/下拉选择为下拉(Pull-down),PC13 的用户标识(User Label)起名为 KEY。

图 4.2 中 PA4 用于控制蜂鸣器,PA5 用于控制发光二极管 LD2,所以可参照第 3 章的配置,分别将它们配置为推挽式输出、上拉,并且将它们的用户标识(User Label)分别命名为 BUZ 和 LED。

3. 选择时钟源和 Debug 模式

打开 System Core 中的 RCC,在其右侧页面中,将高速外部时钟(HSE)设置为 Crystal/Ceramic Resonator,使用片外时钟晶体作为 HSE 的时钟源。最后,在 SYS 中将 Debug 设置为 Serial Wire。

4. 配置中断

由于在本例中使用了外部中断功能,所以还需要配置 System Core 中的 NVIC。

在第 1 章提到过 NVIC,它的全称为 Nested Vectored Interrupt Controller,即嵌套式向量中断控制器。这个 NVIC 是 Arm 内核中所带的,统一管理内核的中断向量(STM32G4xx 系列 MCU 的内核为 Cortex-M4)。

在使用中断的时候,通过 NVIC 进行中断分组,分配抢占式优先级(Preemption Priority)和响应优先级(Sub Priority)。

这两种优先级组合起来,可决定多个中断的执行次序。抢占式优先级的级别要高于响应优先级。优先级用数字表示,数字值越小优先级越高。

高抢占式优先级的中断,能打断低抢占式优先级的中断。如果两个中断的抢占式优先级相同、响应优先级不同,并且它们同时发生,那么响应优先级高的中断先执行;如果不是同时发生,它们是不能相互打断的。

此外,ST 公司在 Arm 核的基础上增加了一个扩展的中断和事件控制器(EXTI,extended interrupts and events controller),负责管理外部/内部中断、软件中断等。EXTI 最终也会被映射到 NVIC 上,如图 4.4 所示。

STM32G4xx 的 EXTI 上有 44 个中断线(line),其中 EXTI line 0~15 分配给了 GPIO。分配给 GPIO 的 16 个 EXTI line 中,每个 line 对应 7 个 I/O(EXTI15 对应 6 个,无 PG15);也就是说,Px0(x=A~G)对应 EXTI0,Px1 对应 EXTI1,……,Px15(x=A~F)对应 EXTI15,

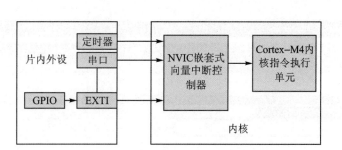

图 4.4 GPIO 外部中断与 NVIC 的关系

如图 4.5 所示。

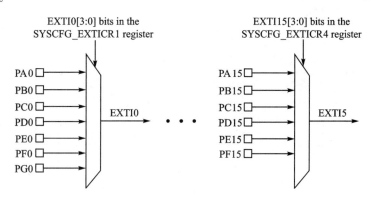

图 4.5 EXTI line 与 GPIO 的对应图

从图 4.5 中的多路选择器可知,每个中断线每次只能对应一个引脚。譬如 EXTI15,一次只能对应 PA15~PF15 中的一个。

大致了解了上述中断概念之后,继续完成 System Core 中的 NVIC 配置。

NVIC 的配置界面如图 4.6 所示。

在图 4.6 中有一个优先级组(Priority Group),这是一个需要选择的参数。它用于配置抢占式优先级(Preemption Priority)和响应优先级(Sub Priority)所能包含的级数。图 4.6 中给出的默认组是 4 bits for pre-emption priority 0 bits for subpriority(4 位抢占优先级 0 位响应优先级)。Priority Group 的下拉列表框中有可供选择的 5 个条目,如图 4.7 所示。

也就是说,优先级组可以分成 5 种,在此以图 4.7 中最下面的一种为例来说明。

最下面一种是:抢占式优先级占 4 位,响应优先级占 0 位(4 bits for pre-emption priority 0 bits for subpriority)。抢占式优先级占 4 位表示占 4 个二进制位,也就是说,该优先级可以有 $16(2^4)$ 级;响应优先级占 0 位,那就只能是 1 级(2^0)。

总的来说,优先级级数的设置,在硬件上只给了 4 个二进制位的空间,设置时可以根据实际情况,分配抢占式优先级和响应优先级的级数,并以此来选择优先级组。

本例中,先选择默认值,也就是图 4.7 中最下面的一种。

接着看图 4.6 所示 NVIC 配置中的内容。其中主要是一张表,该表第一列是 NVIC 中断项目列表(NVIC Interrupt Table),第二列是使能选择(Enabled),第三和四列分别是抢占式优先级和响应优先级设置。

图 4.6 中的这张表共有 14 行(与配置的中断数量有关),每一行对应一种中断类型。譬如

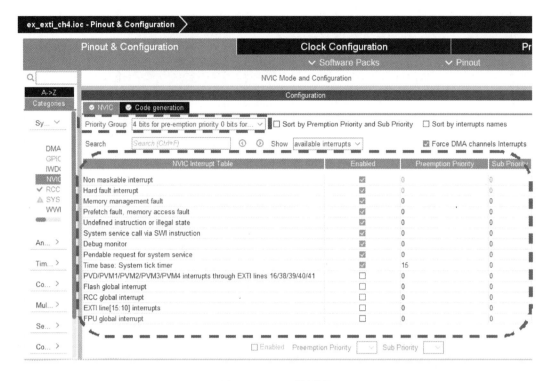

图 4.6　NVIC 的配置

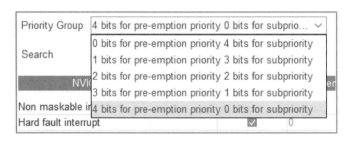

图 4.7　优先级组的选择

第一行是非屏蔽中断（Non maskable interrupt），第二行是硬件故障中断（Hard fault inter-rupt），这两个中断都已经被使能，并且不能取消，优先级也不可配置。也就是说，这两个中断是强制性的，用户无法自主配置。实际上，这两种中断在 STM32G4 系列 MCU 的中断向量表中，优先级都是负值（分别为 -2 和 -1），比 0 级还高。第三行内存管理故障（Memory man-agement fault）在中断向量表中是 0 级，也是默认被使能且不可取消的，但优先级可改。再往下一直到 Time base：System tick timer，都是默认被使能且不可取消的，但优先级可改（在当前的 STM32CubeIDE 新版本中，Time base：System tick timer 的优先级默认为 15，如果代码中用到延时函数 HAL_Delay()，需要将其优先级改为 0）。再往下是 PVD/PVM1/PVM2/PVM3/PVM4 interrupts through EXTI lines6/38/39/40/41 中断，可以使能，也可以不使能。后面的 4 个中断使能与否也都是用户可以控制的。

先简单说一下 PVD/PVM。

PVD 的全称是 Programmable Voltage Detector，为可编程电压检测，实际是用于监测电源电压 VDD 的。所有电路的电源电压都有一定的范围,超过一定范围就会导致电路不能工作或出现异常。所以,如果使能此中断,一旦 VDD 异常,该中断就会发生。

PVM 的全称是 Peripheral Voltage Monitoring,为外设电源电压监测,其监测对象是:用于给 MCU 中模拟电路(ADC/DAC 等)供电的电源电压 VDDA。中断使能后,一旦 VDDA 异常,该中断就会发生。

剩下的几种中断类型中,有关于 Flash 的(Flash global interrupt),有关于复位和时钟控制的(RCC global interrupt),还有关于浮点单元的(FPU global interrupt),这些暂时用不到,就不在这里详细讨论了。

在本例中会用到图 4.6 中倒数第二个:EXTI line[15:10] interrupts。这个中断类型出现在此处,是因为在图 4.1 中进行了硬件配置;如果没有配置,是不会出现的。

前面提到过,EXTI line 0~15 分配给了 GPIO。在本例中,仅配置了一个 PC13 为中断,为什么这里出现的中断类型为 EXTI line[15:10]呢?

这就涉及到固件库中中断服务函数与中断线的对应关系问题。

虽然分配给了 GPIO 16 条中断线,但在固件库中并没有提供这么多中断服务函数。实际上,前 5 条中断线(line0~line4)都有独立的中断服务函数,而中断线 5~9,10~15 都是分别共用一个函数的。具体有哪些中断服务函数,可以在固件库的 startup_stm32g4xx.s 文件中查到。下面列出固件库中 GPIO 相关的 EXTI 中断服务函数,总共 7 个:

- EXTI0_IRQHandler;
- EXTI1_IRQHandler;
- EXTI2_IRQHandler;
- EXTI3_IRQHandler;
- EXTI4_IRQHandler;
- EXTI9_5_IRQHandler;
- EXTI15_10_IRQHandler。

由于本例中配置的是 PC13,按照图 4.5 中的中断线与 GPIO 引脚对应图可知,PC13 对应的是中断线 EXTI13。而 EXTI13 在固件库中没有独立的中断服务函数,需要与中断线 10/11/12/14/15 共用一个中断服务函数。关于中断服务函数的详细内容,在后面分析代码时再详细介绍。

考虑到本章的例子,在图 4.6 中,将 EXTI line[15:10] interrupts 使能。由于仅用到一个外部中断,所以优先级可以随意设置。这里将它的抢占式优先级设为 1,响应优先级为 0。由于后面会用到延时函数,把 tick timer 的抢占式优先级由 15 改为 0,如图 4.8 所示。

5. 配置系统时钟

随后,在 Clock Configuration 中,将系统时钟(SYSCLK)频率配置为 170 MHz,与前面章节例子中的时钟配置相同。

至此,硬件配置便完成了。保存硬件配置界面 ex_exti_ch4.ioc,启动代码生成过程(单击主菜单 Project 中的 Generate Code 命令),系统会将刚才所配置的硬件信息自动转换成代码。

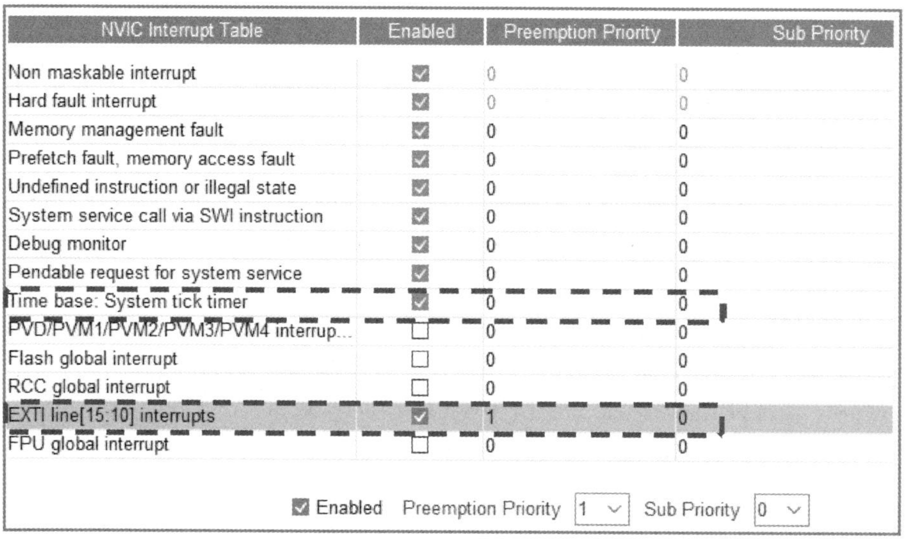

图 4.8　设置 EXTI line 的优先级

4.1.2　代码修改

从工程界面左侧的浏览条目中展开 Core→Src，其中的 main.c 就是自动生成代码的主程序。双击打开 main.c。

1. 与中断相关的库函数

浏览一下 MX_GPIO_Init()函数，会看到除了类似前面章节讲的基本配置以外，还多出来两条语句：

```
/* EXTI interrupt init */
HAL_NVIC_SetPriority(EXTI15_10_IRQn, 1, 0);
HAL_NVIC_EnableIRQ(EXTI15_10_IRQn);
```

HAL_NVIC_SetPriority()函数可以用来设置优先级。该函数有 3 个参数，后两个参数中："1"就是前面配置的抢占式优先级，"0"是响应优先级，如图 4.8 所示；第一个参数 EXTI15_10_IRQn 是个常量，值为 40，这个值为中断线 EXTI15_10 在 STM32G4 系列 MCU 中断向量表中的位置号(Position)，相关内容可查阅 STM32G4 系列 MCU 的参考手册。EXTI15_10_IRQn 是在 stm32g474xx.h 中定义的，在结构体 IRQn_Type 中。

HAL_NVIC_EnableIRQ()函数用于使能中断线 EXTI15_10_IRQn。

上面两个函数实现了对中断优先级的初始化，并且对所配置的中断进行了使能。

前面提到，中断是需要有相应的硬件电路来支撑的。对中断进行配置之后，一旦中断条件满足，程序就会进入中断服务函数。对于中断线 EXTI15_10 来说，对应的中断服务函数如下：

```
void EXTI15_10_IRQHandler(void)
{
```

```
/* USER CODE BEGIN EXTI15_10_IRQn 0 */
/* USER CODE END EXTI15_10_IRQn 0 */
HAL_GPIO_EXTI_IRQHandler(GPIO_PIN_13);
/* USER CODE BEGIN EXTI15_10_IRQn 1 */
/* USER CODE END EXTI15_10_IRQn 1 */
}
```

以上这个函数的定义是在固件库文件 stm32g4xx_it.c 中,如果在.ioc 中配置了中断线,在这个文件中就会出现相对应的中断服务函数。这个函数中只有一条语句,EXTI15_10_IRQHandler 为中断线 10~15 所共用。如果同时还用到了其他中断线,此处就会出现多条中断函数调用语句。

再来分析一下中断服务函数 EXTI15_10_IRQHandler 中调用的这个函数:

```
HAL_GPIO_EXTI_IRQHandler(GPIO_PIN_13);
```

这也是一个中断服务函数,不过是一个 GPIO 外部中断处理的公共函数。如果配置了多个 GPIO 外部中断,会发现中断服务函数 EXTIxx_IRQHandler 调用的都是这个函数,只是参数不同。该函数是在 stm32g4xx_hal_gpio.c 中定义的。它的定义如下:

```
void HAL_GPIO_EXTI_IRQHandler(uint16_t GPIO_Pin)
{
    /* EXTI line interrupt detected */
    if (__HAL_GPIO_EXTI_GET_IT(GPIO_Pin) != 0x00u)
    {
        __HAL_GPIO_EXTI_CLEAR_IT(GPIO_Pin);
        HAL_GPIO_EXTI_Callback(GPIO_Pin);
    }
}
```

该函数只有一个参数 GPIO_Pin,用于指明对应中断线的 GPIO 引脚。

在该函数中,if 语句的条件是判断中断线是否被使能,如果已使能,则首先调用__HAL_GPIO_EXTI_CLEAR_IT()函数清中断标志位,然后调用回调函数 HAL_GPIO_EXTI_Callback()完成相应的中断处理任务。

GPIO 外部中断服务相关函数的调用关系如图 4.9 所示。

为什么要清除中断标志位? 这是为了响应下一次中断,如果中断标志位没有清除,就会一直在此中断中,而新的中断就不会被响应。

2. 重定义回调函数

上面的这些中断服务函数都是由代码自动生成工具自动生成的。用户需要编写的中断服务代码是写回调函数 HAL_GPIO_EXTI_Callback()。

stm32g4xx_hal_gpio.c 中,在 HAL_GPIO_EXTI_IRQHandler()函数定义的下面,有一个针对该回调函数的声明:

```
__weak void HAL_GPIO_EXTI_Callback(uint16_t GPIO_Pin)
{
    /* Prevent unused argument(s) compilation warning */
```

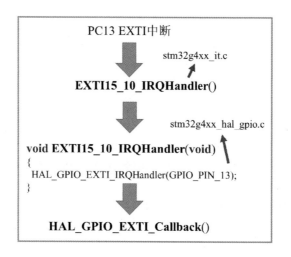

图 4.9　GPIO 外部中断服务函数调用关系

```
UNUSED(GPIO_Pin);

  /* NOTE: This function should not be modified, when the callback is needed, the HAL_GPIO_EXTI_
Callback could be implemented in the user file */

}
```

可以看到,这个函数前面有个关键词"__weak",表示这是一个弱函数。弱函数实际是一个空函数,用到时,需要用户进行重新定义。

带有"__weak"修饰符的函数,可在用户文件中重新定义一个同名函数,编译器编译时,会选择用户定义的函数;如果用户没有重新定义,编译器就会执行"__weak"声明的函数。当然,可以将 HAL_GPIO_EXTI_Callback()重写在 main.c 中,而 stm32g4xx_hal_gpio.c 中的这个弱函数不用删除。

"__weak"修饰符在回调函数中常用,作为系统默认的一个空函数,保证编译器不报错;用户可以对其重新定义,不需考虑函数重复定义的问题。

可以在 main.c 中重新定义该回调函数。当然,新写的代码要放到注释对中:

```
/* USER CODE BEGIN 4 */
void HAL_GPIO_EXTI_Callback(uint16_t GPIO_Pin)
{
  if (GPIO_Pin == KEY_Pin)
  {
    HAL_GPIO_TogglePin(LED_GPIO_Port, LED_Pin);
    HAL_GPIO_TogglePin(BUZ_GPIO_Port, BUZ_Pin);
  }
}
/* USER CODE END 4 */
```

然后,就可以编译工程了。

编译完成后,如果没有出现错误,就可以下载到硬件中。

3. 下载与运行

在下载之前,先打开主菜单 Run 选择 Debug Configurations 命令,在弹出的创建、管理和运行配置(Create,manage,and run configurations)界面中,右击左侧栏目中的 STM32 Cortex-M C/C++ Application,建立一个新配置(New Configuration),可以命名为 ex_exti_ch4 Debug(如果先完成工程编译,则会自动完成配置)。

配置完毕后,单击配置界面右下角的 Debug 按钮即可自动完成下载。

下载完成后,单击工具栏上的运行(Resume)按钮,就可以运行程序了。

每按一次 B1 键,LD2 和蜂鸣器的状态就会变化一次。因为是在上升沿触发中断,所以 HAL_GPIO_EXTI_Callback() 函数只是在按键按下的那一刻被调用。

在 main 函数的 while(1) 循环中,并没有写任何代码,这是与前面章节中的例子最显著的不同。以上所有工作都是在中断服务程序中完成的。

4.2 用按键控制发光二极管和蜂鸣器

下面增加几个按键,以实现用多个按键控制多个发光二极管和蜂鸣器的功能。

4.2.1 电路扩展板

1. 扩展板电路及与 NUCLEO-G474RE 板的连接

由于 NUCLEO-G474RE 板上只有一个用户按键(B1)和一个发光二极管(LD2),所以下面的例子将采用扩展板上按键(原理图见图 4.10)和发光二极管(原理图见第 2 章图 2.3)。

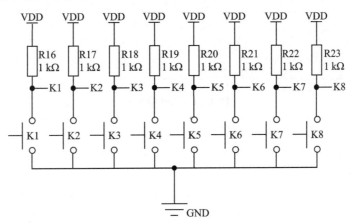

图 4.10　扩展板上的按键电路

在第 2 章,用 STM32G474RE 的 PB0～PB7 控制扩展板上的发光二极管 L1～L8。在第 3 章,用 PA5 控制 NUCLEO-G474RE 板上的 LD2,PA4 控制扩展板上的蜂鸣器,用 PC13 接收按键 B1 的状态。本章中,再增加 3 个按键(扩展板上的 K1～K3)。除了用 NUCLEO-G474RE 板上 B1 键控制蜂鸣器外,再用扩展板上的 K1 键控制 LD2,K2 键控制扩展板上的 L1～L4,K3 键控制扩展板上的 L5～L8。K1、K2 和 K3 分别由 PA0、PA1 和 PA6 控制。

PA0、PA1 在 NUCLEO-G474RE 板上是通过 CN7 接口的第 28 和 30 引脚引出的。PA6 连接到了 CN10 的第 13 引脚。K1、K2 和 K3 在扩展板上分别连接到了按键接口的第 16、14、12 引脚。PB0～PB7 的连接电路可以参考第 2 章的相关内容。

有一点需要注意,扩展板上的按键电路与 NUCLEO-G474RE 板的按键电路不同,扩展板电路中,按键是与地连接的,按下之后是低电位,而 NUCLEO-G474RE 板上 B1 键的电路按下时为高电平。

2. 配置 GPIO

由于增加了引脚,所以需要打开 ex_exti_ch4.ioc 文件进行硬件配置。分别将 PB0～PB7、PA4 和 PA5 配置为输出,将 PA0、PA1、PA6 和 PC13 配置为 GPIO_EXTI0、GPIO_EXTI1、GPIO_EXTI6 和 GPIO_EXTI13。

3. 输出引脚的配置

由于扩展板的发光二极管在电路上是共阳极接法,并且阳极(通过电阻)连接到了电源 VDD 上,所以当 I/O 输出低电平时会点亮。本例中,将 PB0～PB7 的输出电平设置为 High,也就是说在初始状态,这些发光二极管都是熄灭的。此外,把它们的模式设置为推挽式(Push Pull)、上拉,速度设置为 High,用户标识分别为 L1～L8。以 PB0 为例,配置界面如图 4.11 所示。

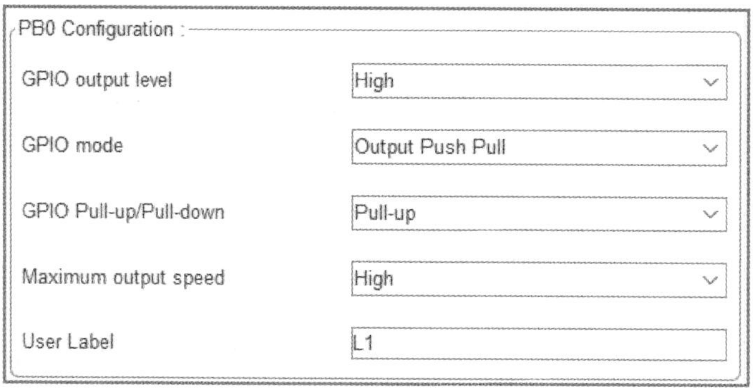

图 4.11 PB0 的配置

不过,在配置 PB6 和 PB7 时会发现它们的配置信息中多了一个 Fast Mode,有使能(Enable)和不使能(Disable)两个选项。这是复用功能才会用到的,本例中只是作为输出 I/O 用,可以选择不使能(Disable)。

NUCLEO-G474RE 板上的 LD2 还用 PA5 控制。但 LD2 与扩展板上的 L1～L8 不同,它是高电平点亮的,所以在配置 PA5 时,将初始输出电平设置为 Low,用户标识命名为 nucleo_LED。

PA4 用于控制扩展板上的蜂鸣器,输出低电平时蜂鸣器会响。所以,将 PA4 的初始输出电平配置为 High,用户标识命名为 BUZ。

4. 按键输入

接下来配置 4 个中断输入。

PC13 已经做过配置,仍保持上升沿触发和下拉这两个参数,将用户标识修改为 nucleo_KEY。

前面曾提到,扩展板的按键电路与 NUCLEO-G474RE 板上的按键电路是不同的,所以需要将扩展板上连接按键的 PA0、PA1 和 PA6 的中断模式设置为下降沿,GPIO 上拉/下拉模式设置为上拉,用户标识分别为 K1、K2 和 K3。PA0、PA1 和 PA6 的配置相同,以 PA0 为例,配置界面如图 4.12 所示。

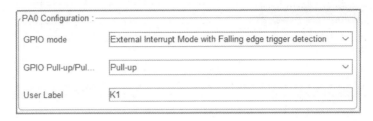

图 4.12　PA0 的配置

当然,对中断模式触发类型的选择,也不是一定要上升沿或下降沿。譬如连接扩展板上按键的 I/O(用了上拉功能),当按键按下时,I/O 会接收到低电平,所以按下的过程会产生一个下降沿;但按键松开后,也会产生一个上升沿,在此上升沿触发中断,也是可以的。

5．配置中断

GPIO 添加、配置完成后,可以打开 System Core 中的 NVIC,会发现 NVIC 中断表中增加了多个 EXTI 中断线,如图 4.13 所示。

NVIC Interrupt Table	Enabled	Preemption Priority	Sub Priority
Non maskable interrupt	☑	0	0
Hard fault interrupt	☑	0	0
Memory management fault	☑	0	0
Prefetch fault, memory access fault	☑	0	0
Undefined instruction or illegal state	☑	0	0
System service call via SWI instruction	☑	0	0
Debug monitor	☑	0	0
Pendable request for system service	☑	0	0
Time base: System tick timer	☑	0	0
PVD/PVM1/PVM2/PVM3/PVM4 inte...	☐	0	0
Flash global interrupt	☐	0	0
RCC global interrupt	☐	0	0
EXTI line0 interrupt	☐	0	0
EXTI line1 interrupt	☐	0	0
EXTI line[9:5] interrupts	☐	0	0
EXTI line[15:10] interrupts	☑	1	0
FPU global interrupt	☐	0	0

图 4.13　NVIC 中断表

将图 4.13 与图 4.8 对比,会发现多出了 3 个中断类型:EXTI line0 interrupt、EXTI line1 interrupt 和 EXTI line[9:5] interrupts。

结合前面介绍的内容,很容易判断出 EXTI line0 interrupt 对应的是 PA0 的中断,EXTI line1 interrupt 对应的是 PA1 的中断,EXTI line[9:5] interrupt 对应的是 PA6 的中断。

另外,对优先级组的选择不做改动,还是用 4bits for pre-emption priority 0 bits for sub-priority,也就是说,抢占式优先级为 16 级,不设置响应优先级。

将图 4.13 中 EXTI line0 interrupt、EXTI line1 interrupt 和 EXTI line[9:5] interrupts 的使能都选上(复选框上都打勾),并且给它们设置好抢占式优先级,结果如图 4.14 所示。

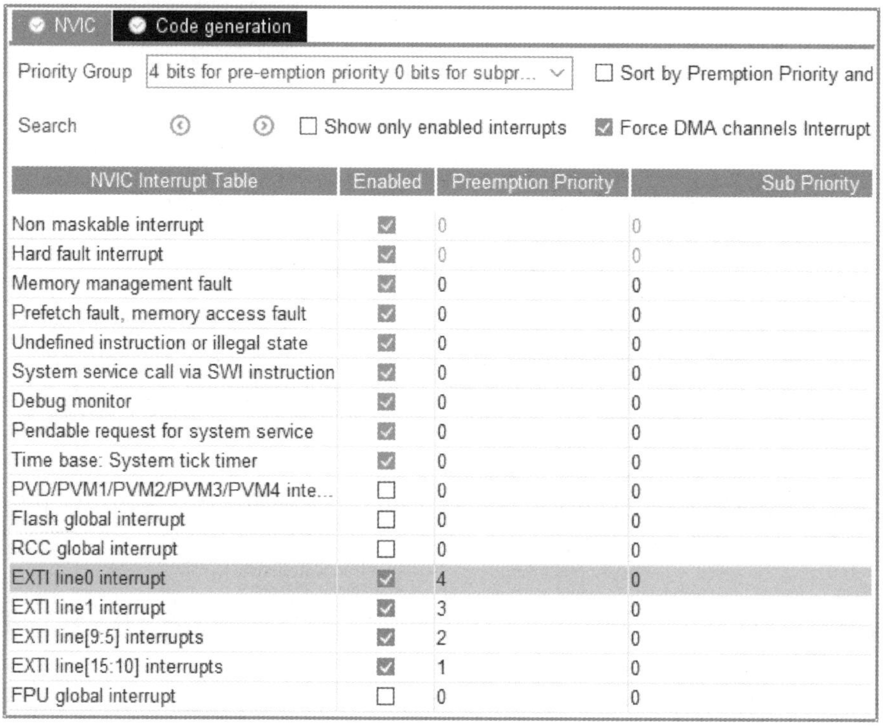

图 4.14 NVIC 中断表的配置

图 4.14 中,4 个 EXTI 中断线的抢占式优先级分别为 1~4,EXTI line0 最高,line[9:5]最低。不过,这对本例来说意义不大,因为手动操作这类按键,很难模拟出中断嵌套的情况。

6. 其他参数配置

对于 System Core 中 RCC 和 SYS 的配置,可以不做修改。

对于时钟的设置,也可以不做修改,主频还是 170 MHz。

至此,硬件配置部分的添加、修改就完成了。保存 ex_exti_ch4.ioc 文件,启动自动代码生成,完成硬件配置代码的更新。

4.2.2 代码修改

1. 中断相关的代码

打开 main.c 文件,会看到 MX_GPIO_Init()增加了多行代码,并且在最后分别对 4 个 EXTI 中断线进行了优先级设置和中断使能。

```
/ * EXTI interrupt init * /
HAL_NVIC_SetPriority(EXTI0_IRQn, 4, 0);
```

```
HAL_NVIC_EnableIRQ(EXTI0_IRQn);
HAL_NVIC_SetPriority(EXTI1_IRQn, 3, 0);
HAL_NVIC_EnableIRQ(EXTI1_IRQn);
HAL_NVIC_SetPriority(EXTI9_5_IRQn, 2, 0);
HAL_NVIC_EnableIRQ(EXTI9_5_IRQn);
HAL_NVIC_SetPriority(EXTI15_10_IRQn, 1, 0);
HAL_NVIC_EnableIRQ(EXTI15_10_IRQn);
```

这些语句所对应的参数与在图 4.14 中的配置完全一致。

前面讲过,对中断线 EXTI15_10 来说,对应的中断服务函数为 EXTI15_10_IRQHandler()。这个函数是在 stm32g4xx_it.c 中定义的。由于又增加了 3 个 EXTI 中断线,所以在 stm32g4xx_it.c 中也会生成相应的中断服务函数。可以打开该文件查看一下(该文件在左侧工程浏览栏 Core→Src 中)。

在该文件中可以看到,除了 EXTI15_10_IRQHandler()之外,还有另外 3 个中断服务函数(为了简洁起见,此处删掉了函数中的注释对):

```
void EXTI0_IRQHandler(void)
{
  HAL_GPIO_EXTI_IRQHandler(GPIO_PIN_0);
}
void EXTI1_IRQHandler(void)
{
  HAL_GPIO_EXTI_IRQHandler(GPIO_PIN_1);
}
void EXTI9_5_IRQHandler(void)
{
  HAL_GPIO_EXTI_IRQHandler(GPIO_PIN_6);
}
```

从这些函数定义中可见,所有 EXTI 中断服务函数都调用了另一个相同的中断服务函数,即外部中断处理的公共函数:

```
void HAL_GPIO_EXTI_IRQHandler(uint16_t GPIO_Pin)
```

所调用的函数虽然相同,但传递过去的参数是不同的。由上面的函数定义可知,传递的参数是中断所对应的引脚号。

前面提到过,这个外部中断处理的公共函数是在 stm32g4xx_hal_gpio.c 中定义的。该函数中,会首先清中断标志位,然后调用回调函数 HAL_GPIO_EXTI_Callback();此外,该回调函数也是在 stm32g4xx_hal_gpio.c 中定义的,只不过是一个弱函数,需要用户重新定义,用于完成相应中断服务功能的代码,可以写在该回调函数中。

2. 修改回调函数

在 main.c 文件中,紧接着 MX_GPIO_Init()函数的定义之后,有前面重新写的 HAL_GPIO_EXTI_Callback()函数,放置在注释对/* USER CODE BEGIN 4 */与/* USER CODE END 4 */之间。

对其进行修改如下:

```
/* USER CODE BEGIN 4 */
void HAL_GPIO_EXTI_Callback(uint16_t GPIO_Pin)
{
  switch(GPIO_Pin)
  {
      case GPIO_PIN_0:
        HAL_GPIO_TogglePin(nucleo_LED_GPIO_Port, nucleo_LED_Pin);
        break;
      case GPIO_PIN_1:
        HAL_GPIO_TogglePin(L1_GPIO_Port, L1_Pin);
        HAL_GPIO_TogglePin(L2_GPIO_Port, L2_Pin);
        HAL_GPIO_TogglePin(L3_GPIO_Port, L3_Pin);
        HAL_GPIO_TogglePin(L4_GPIO_Port, L4_Pin);
        break;
      case GPIO_PIN_6:
        HAL_GPIO_TogglePin(L5_GPIO_Port, L5_Pin);
        HAL_GPIO_TogglePin(L6_GPIO_Port, L6_Pin);
        HAL_GPIO_TogglePin(L7_GPIO_Port, L7_Pin);
        HAL_GPIO_TogglePin(L8_GPIO_Port, L8_Pin);
        break;
      case GPIO_PIN_13:
        HAL_GPIO_TogglePin(BUZ_GPIO_Port, BUZ_Pin);
        break;
  }
}
/* USER CODE END 4 */
```

编译、下载后,单击工具栏中的 Resume 按钮将程序运行起来。

3. 查看结果

每次按下 NUCLEO - G474RE 板上的 B1 键,会发现蜂鸣器响的状态会改变。

分别按扩展板上的 K1、K2 和 K3 键,会发现 NUCLEO - G474RE 板上的 LD2 及扩展板上的 L1～L8 的状态也会改变。

习 题

4.1 用中断方式实现:按下 B1 键后,蜂鸣器以 1 Hz 的频率发出响声;松开 B1 键后,蜂鸣器不响。尝试上升沿触发中断和下降沿触发中断。

4.2 用中断方式实现:第一次按下 B1 键,LD2 以 0.25 Hz 的频率闪烁;第二次按下 B1 键,LD2 以 1 Hz 的频率闪烁;第三次按下 B1 键,LD2 以 2 Hz 的频率闪烁;再按 B1 键,重复上述过程。

4.3 用中断方式实现:按下 NUCLEO - G474RE 板上的 B1 键,蜂鸣器响;按扩展板上的

K1、K2 和 K3 键,LD2 及扩展板上的 L1～L8 状态改变(自定义按键的控制对象)。

4.4 查看 stm32g4xx_it.c 文件中的外部中断函数;使用设置断点、单步运行等调试手段,分析中断执行过程。

4.5 K1、K2 和 K3 分别代表一个 3 位十进制数的个位、十位、百位;譬如,K1 键连续按下 2 次,K2 键连续按下 2 次,K3 键按下 1 次,表示此次输入的数为 122。编写程序,识别按键表示的数,并通过 L1～L8 以二进制方式显示出来。

4.6 在习题 4.5 的基础上实现:通过扩展板上的数码管显示所输入的数值。

第5章 串行通信

在前面两章中,用按键作为输入设备,连接到 MCU 的 GPIO 上(配置为输入模式),给MCU 提供输入数据;用发光二极管和蜂鸣器作为输出设备,与 MCU 的 GPIO 相连(配置为输出模式),接收 MCU 送出的控制信号。MCU 接收数据时,可以采用查询的方式,也就是说,在主程序中不停地读(查询)I/O 的状态,一旦状态变化(为 0 或为 1),就执行相应的操作(通过输出 I/O 送出数据)。此外,由于外部输入发生的时刻具有一定的随机性,单纯用查询的方式会降低 CPU 的工作效率,故还可以采用中断的方式来响应外部突发事件。

在中断处理方式下,外部输入状态的读取和输出操作都可以在中断服务函数中完成(对于简单任务、耗时不多的情况),主程序中除了完成相关硬件的初始化以外,可以不用在 while(1)循环中写额外的代码。当然,也可以仅在中断服务函数中设置一些标志位,在 while(1)循环中实现相关操作。

除了用按键通过 GPIO 给 MCU 提供输入数据外,还能通过什么方式给 MCU 输送数据呢? 实际上,利用 MCU 上的串口也是一种很方便的方式,并且可以实现双向通信。当然,与MCU 数据交互的另一方也必须是一个同样带有串口的设备,譬如另一 MCU 或计算机。

本章的例子是实现 NUCLEO - G474RE 板与 PC 的串行通信。在 PC 上用串口助手工具给 MCU 发送命令,实现点亮发光二极管并且让蜂鸣器响的功能。

在 NUCLEO - G474RE 板上用 ST - Link 实现了一个虚拟串口,使用的是 STM32G474RE上的 USART2 模块。USART2 在 MCU 上对应的默认引脚是 PA2(USART2_TX)和 PA3(USART2_RX)。

下面介绍在 STM32CubeIDE 中建立工程,一步一步实现使用 STM32G474RE 串行通信模块的过程。

5.1 用中断方式实现串行数据接收

5.1.1 建立新工程

首先,参照前面章节的例子建立一个新的 STM32 工程。在工程建立的步骤中,选择目标器件 STM32G474RET6,并为工程起名为 ex_usart_ch5,然后继续,直至工程建立完成。

1. 配置 GPIO

在硬件配置界面 ex_usart_ch5.ioc 中将 PA4、PA5 配置为输出(GPIO_Output),PC13 配置为 GPIO_EXTI13(中断模式)。此处,保留 PC13 作为外部中断,是为了与串口中断进行对比。PC13 用于检测按键 B1 的状态。

PA2 和 PA3 分别配置为 USART2_TX 和 USART2_RX。

在工程主界面中,打开位于中部的 System Core,从展开的列表中选择 GPIO。在右侧出现的 GPIO 模式和配置界面中有三行,分别对应 PA4、PA5 和 PC13。参考 4.1.1 节的相关内容,配置这三个引脚的参数,其中 PC13 还是用上升沿触发方式。配置结果如图 5.1 所示。

Pin ...	Signal ...	GPIO ...	GPIO mode	GPIO Pul...	Maximu...	Fa...	User La...	Modified
PA4	n/a	High	Output Push Pull	Pull-up	High	n/a	BUZ	☑
PA5	n/a	High	Output Push Pull	Pull-up	High	n/a	LED	☑
PC13	n/a	n/a	External Interrupt Mode with Rising e...	Pull-down	n/a	n/a	KEY	☑

图 5.1　PA4、PA5 和 PC13 的配置结果

2. 选择时钟源和 Debug 模式

打开 System Core 中的 RCC,在其右侧页面中,将高速外部时钟(HSE)设置为 Crystal/Ceramic Resonator,使用片外时钟晶体作为 HSE 的时钟源。最后,在 SYS 中将 Debug 设置为 Serial Wire。

3. 配置 GPIO 外部中断

优先级组(Priority Group)还是选择 4bits for pre-emption priority 0 bits for subpriority。随后,将 EXTI line[15:10] interrupts 使能,并将它的抢占式优先级设置为 4,响应优先级为 0。由于后面会用到延时函数 HAL_Delay(),所以需要将 tick timer 的抢占式优先级改为 0。

4. 配置串口

展开工程主界面中的 Connectivity,选择其中的 USART2,右侧会显示串口 USART2 的模式与配置界面,如图 5.2 所示。

图 5.2 中,上部的模式(Mode)区,Mode 有 3 个选项,选择异步(Asynchronous),并且禁用(Disable)硬件流控制(Hardware Flow Control)。下部的配置区,复位配置(Reset Configuration)中有 5 类配置信息,即 5 个选项卡,分别是:

- NVIC 设置(NVIC Settings);
- DMA 设置(DMA Settings);
- GPIO 设置(GPIO Settings);
- 参数设置(Parameter Settings);
- 用户常数(User Constants)。

在参数设置(Parameter Settings)选项卡的基本参数(Basic Parameters)配置中,将 US-ART2 的基本参数配置为:

- 波特率为 115 200 bit/s;
- 字长为 8 位;
- 无奇偶校验位;
- 1 位停止位。

在高级参数(Advanced Parameters)区,数据方向(Data Direction)选择为接收和发送(Receive and Transmit),即发送和接收都开启;Fifo 模式关闭(Disable),其他参数暂时都用

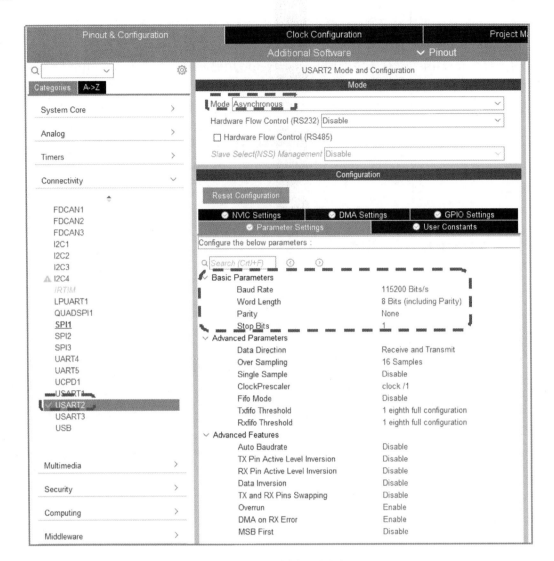

图 5.2 串口 USART2 的模式与配置

默认值。

此外,用户常数和 DMA 设置选项卡暂时均不修改,仅修改 GPIO 设置和 NVIC 设置选项卡。

5. 配置串口中断

在 NVIC 设置选项卡中,将 USART2 的中断使能选上,如图 5.3 所示。

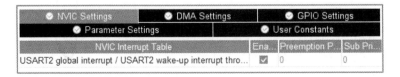

图 5.3 使能 USART2 的中断

图 5.3 中,虽然也有抢占式优先级和响应优先级栏,但并不能设置。优先级的设置需要在 System Core 下的 NVIC 界面中完成。在图 5.3 中使能 USART2 的中断后,再回到 System Core 下的 NVIC 界面,在 NVIC 中断表中就会出现刚刚使能的 USART2 中断,将它的抢占式优先级设置为 1,如图 5.4 所示。

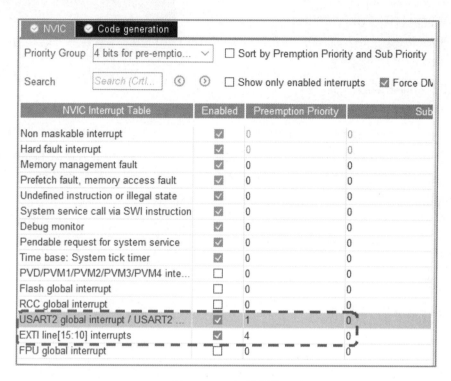

图 5.4　NVIC 的配置

然后,在 GPIO 设置(GPIO Settings)选项卡中修改 USART2 所用的两个端口 PA2 和 PA3 的参数,如图 5.5 所示。

Pin	Signal on Pin	GPIO o...	GPIO	GPIO P...	Maxim...	Fast M...	User L...	Modified
PA2	USART2_TX	n/a	Alterna...	Pull-up	High	n/a		☑
PA3	USART2_RX	n/a	Alterna...	Pull-up	High	n/a		☑

图 5.5　修改串口引脚的参数

图 5.5 中,主要是将两个引脚的上拉/下拉模式改为了 Pull-up,速度改为了 High。

6. 配置系统时钟

在工程主界面中,切换至时钟配置(Clock Configuration)界面,将系统时钟(SYSCLK)频率配置为 170 MHz,与前面章节中的时钟配置相同。

至此,硬件配置便完成了。

保存 ex_usart_ch5.ioc 文件,启动代码生成过程(单击主菜单 Project 中的 Generate Code 命令),系统会将刚才配置硬件的信息自动转换成代码。

5.1.2 代码修改

打开 main.c(在工程界面左侧的浏览条目中,展开 Core→Src)会发现,跟前几章的例子比较,main 函数的初始化代码部分多了一个函数 MX_USART2_UART_Init()。这个函数的功能就是实现对串口 USART2 的初始化。

由于配置了 PC13 的中断(EXTI15_10),所以 MX_GPIO_Init()函数中可以看到设置优先级和使能 EXTI15_10 的语句。

1. 串口初始化函数

在查看自动生成的代码时,有一点可能会让人疑惑:在前面也配置了串口中断,为什么在 main.c 中的串口初始化函数 MX_USART2_UART_Init()中没有体现呢?

实际上,MX_USART2_UART_Init()函数主要完成对 USART2 的模式和参数配置,如波特率、数据位、停止位等。因为串口模块要比 GPIO 复杂,所以配置参数也更多。对 GPIO 的初始化,在 MX_GPIO_Init()函数中就完成了对引脚参数的配置;而对于串口来说,针对引脚等参数的配置,没有放到初始化函数 MX_USART2_UART_Init()中。从前面硬件配置的过程可知,USART2 用的引脚是 PA2 和 PA3,那么,在生成的代码中,它们是在哪里配置的呢?是在文件 stm32g4xx_hal_msp.c(可在 Core→Src 中找到)中。此文件名中的 msp,是 MCU support package 的缩写,指的是 MCU 相关的支持包。

打开该文件,可以看到,其中定义了 3 个函数:

```
HAL_MspInit(void)
HAL_UART_MspInit(UART_HandleTypeDef * huart)
HAL_UART_MspDeInit(UART_HandleTypeDef * huart)
```

由函数名可见,其中都带有 MspInit 字样。这类函数的作用是进行 MCU 功能模块(譬如串口、定时器、ADC 等)的初始化。在固件库中,通常是采用这种方式将 MCU 的模块初始化代码集中起来,以方便代码在不同型号的 MCU 上移植。

上述函数中,第一个是初始化全局 Msp。本章主要关注后面两个函数。这两个函数的参数完全一样,函数名也很类似;区别是后一个函数名中多了两个字母"De",是 Default 的缩写。

- HAL_UART_MspInit()函数可以对串口硬件初始化、配置引脚模式以及设置中断优先级并使能中断,与对 GPIO 进行初始化的 MX_GPIO_Init()函数所完成的功能类似。
- HAL_UART_MspDeInit()函数可以把串口复位成初始值,关闭串口并关闭串口中断。由于本例中本来就需要使用串口,所以暂时用不到 HAL_UART_MspDeInit()函数,但会用到 HAL_UART_MspInit()函数。
- HAL_UART_MspInit()函数是在哪里调用的呢?实际上,该函数是由函数 HAL_UART_Init()(在 stm32g4xx_hal_uart.c 文件中定义)调用的。而 HAL_UART_Init() 是由 MX_USART2_UART_Init()函数调用的(在 if 语句的条件表达式中调用)。

上述三个串口初始化函数的调用关系如图 5.6 所示。

关于串口初始化的调用关系已经清楚了,下面再分析一下串口中断的执行过程。

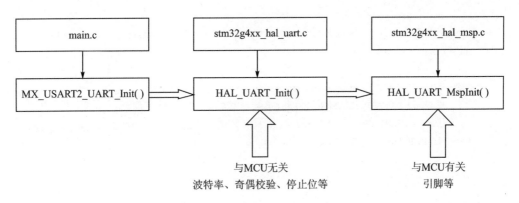

图 5.6　串口初始化函数的调用关系

2. 中断执行过程

由于在前面配置了串口的中断功能,所以当中断发生后就会调用相应的中断服务函数来完成一定的任务。

本章的例子中,除了串口中断以外,还配置了 PC13 引脚的中断。本例中的 PC13 EXTI 中断与第 4 章是相同的。PC13 对应的中断线是 EXTI15_10,对应的中断服务函数为 EXTI15_10_IRQHandler( ),该函数是在 stm32g4xx_it. c 中定义的。打开 stm32g4xx_it. c(在 Core→Src 中),在该文件的最下边,会看到有两个中断服务函数(此处为简洁起见,删掉了函数中的注释对语句):

```
void USART2_IRQHandler(void)
{
  HAL_UART_IRQHandler(&huart2);
}
void EXTI15_10_IRQHandler(void)
{
  HAL_GPIO_EXTI_IRQHandler(GPIO_PIN_13);
}
```

其中,EXTI15_10_IRQHandler( )函数与第 4 章例子中的函数是相同的;而 USART2_IRQHandler( )函数则是本例中新配置的 USART2 串口的中断服务函数。该函数调用了固件库中的 HAL_UART_IRQHandler( )函数,这个函数也是在 stm32g4xx_hal_uart. c 文件中定义的。

HAL_UART_IRQHandler( )函数的定义有些复杂,不过通常情况下使用者不需要去修改它,只要了解它的主要功能就可以了。实际上,它是一个判断发生了何种串口中断(发送、接收,各类故障),并根据不同的情况执行相应代码的函数。

如果产生的是接收中断,并且没有故障,则 HAL_UART_IRQHandler( )函数中会执行如下语句:

```
void HAL_UART_IRQHandler(UART_HandleTypeDef * huart)
{
  ……
```

```
/* If no error occurs */
errorflags = (isrflags & (uint32_t)(USART_ISR_PE | USART_ISR_FE | USART_ISR_ORE | USART_ISR_NE));
if (errorflags == 0U)
{
    /* -------- UART in mode Receiver --------*/
    if ((((isrflags & USART_ISR_RXNE_RXFNE) != 0U)&&
        ((((crlits & USART_CR1_RXNEIE_RXFNEIE) != 0U)||
        ((cr3its & USART_CR3_RXFTIE) != 0U)))
    {
        if (huart ->RxISR != NULL)
        {
            huart ->RxISR(huart);
        }
        return;
    }
}
......
}
```

当程序执行到 huart ->RxISR(huart)时,会调用 UART_RxISR_8BIT()函数(如果配置数据字长为 7 位或 8 位,则调用此函数;如果数据字长为 9 位,则会调用另一函数 UART_RxISR_16BIT),并且在该函数中会调用回调函数 HAL_UART_RxCpltCallback()。这个回调函数是在 stm32g4xx_hal_uart.c 中定义的弱函数。用户需要重定义该函数,可以写在 main.c 中,就像在第 4 章中对 EXTI 中断的回调函数 HAL_GPIO_EXTI_Callback()所做的处理一样。

串口中断服务相关函数的调用关系及与 GPIO 中断的对比如图 5.7 所示。

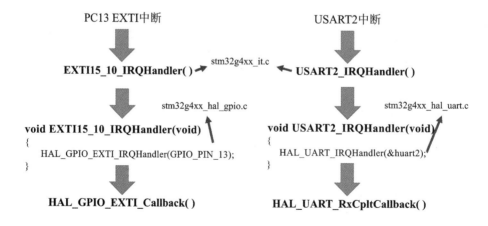

图 5.7 串口中断服务相关函数的调用关系及与 GPIO 中断的对比

3. 启动串口接收中断

是产生一次串口中断(执行一次 USART2_IRQHandler),就调用一次回调函数吗? 答案是:不一定。

实际上,在使用中断之前,还要用到函数 HAL_UART_Receive_IT()。该函数的格式如下：

```
HAL_UART_Receive_IT(UART_HandleTypeDef * huart, uint8_t * pData, uint16_t Size)
```

该函数是给将要接收的数据定义一个缓冲区 pData，并指定接收数据的长度为 Size（也就是要接收的字节数）。这个 Size 决定了调用回调函数的频率。如果 Size 大于 1，则不会每次中断都调用回调函数，而是到 Size 次之后，才会调用一次回调函数。此外，这个函数还有开启接收中断的功能，所以需要在 main 函数的初始化代码中调用一次 HAL_UART_Receive_IT()函数。这样就可以确保开启接收中断。在执行一次回调函数时，接收中断会关闭，所以还需要再次开启接收中断。这个再次开启中断的动作，也可以在回调函数中通过调用 HAL_UART_Receive_IT()函数来实现。

实际上，完成上面的硬件配置，并自动生成代码后，剩下的工作就是在 main.c 中的初始化部分调用 HAL_UART_Receive_IT()函数设置参数并开启接收中断，然后写回调函数 HAL_UART_RxCpltCallback()，以便对接收的数据进行处理。

4. 自动生成的 main 函数

先给出自动生成的 main 函数（为简洁起见，删去了一些注释语句）：

```
#include "main.h"
UART_HandleTypeDef huart2;
/* USER CODE BEGIN PV */
/* USER CODE END PV */
void SystemClock_Config(void);
static void MX_GPIO_Init(void);
static void MX_USART2_UART_Init(void);
int main(void)
{
  HAL_Init();
  SystemClock_Config();
  MX_GPIO_Init();
  MX_USART2_UART_Init();
  /* USER CODE BEGIN 2 */
  /* USER CODE END 2 */
  while (1)
  {
  }
}
```

在 main.c 的后面有对几个初始化函数的定义，此处从略。

这个 main 函数与前几章中的区别就是多了一个串口初始化函数 MX_USART2_UART_Init()。

此外，在 main.c 中，首先定义了一个全局变量 huart2，类型为 UART_HandleTypeDef；huart2 是一个结构体变量，通常也称为串口句柄。这个结构体是关于 UART 的，它的成员有很多，有的成员本身也是结构体类型。这个结构体有些复杂，此处就不再详细展开介绍了，暂时只要知道它是与串口有关就可以了。在串口初始化函数 MX_USART2_UART_Init 中，就使用了该变量：

```
static void MX_USART2_UART_Init(void)
{
    huart2.Instance = USART2;
    huart2.Init.BaudRate = 115200;
    huart2.Init.WordLength = UART_WORDLENGTH_8B;
    huart2.Init.StopBits = UART_STOPBITS_1;
    huart2.Init.Parity = UART_PARITY_NONE;
    huart2.Init.Mode = UART_MODE_TX_RX;
    huart2.Init.HwFlowCtl = UART_HWCONTROL_NONE;
    ……
}
```

由此可见，在 MX_USART2_UART_Init 函数中，第一句 huart2.Instance = USART2，就将前面配置的 USART2 与结构体变量 huart2 关联了起来。

5. 启动串口接收的 HAL_UART_Receive_IT( )函数

前面提到，要实现串口接收中断，需要在主程序的初始化代码中调用 HAL_UART_Receive_IT()函数。该函数的结构如下：

```
HAL_UART_Receive_IT(UART_HandleTypeDef * huart, uint8_t * pData, uint16_t Size)
```

该函数有三个参数，第一个参数的类型就是 UART_HandleTypeDef，所以要将该参数与 USART2 关联起来。因此，HAL_UART_Receive_IT()函数的调用要放到串口初始化函数之后。可将该函数放到 MX_USART2_UART_Init()函数之后的注释对中。

HAL_UART_Receive_IT()函数的第二个参数是设置接收数据的缓冲区，可以定义一个长度为 RXBUFFERSIZE 的数组 RxBuffer[RXBUFFERSIZE]，当然这个数组以及 RXBUFFERSIZE 都需要另外定义（后面会将它们定义为全局变量）。

HAL_UART_Receive_IT()函数的第三个参数用于指定接收数据的长度，这个数据长度可以与接收缓冲区的长度相同，即 RXBUFFERSIZE。

将 RxBuffer[RXBUFFERSIZE]定义为全局变量（需要放到注释对中），并将对 HAL_UART_Receive_IT()函数的调用放置到 MX_USART2_UART_Init()语句之后的注释对/ * USER CODE BEGIN 2 * /与/ * USER CODE END 2 * /中。

6. 修改后的 main 函数

下面重新给出修改后的 main 函数（删去了一些注释语句）：

```
# include "main.h"
UART_HandleTypeDef huart2;
/ * USER CODE BEGIN PV * /
uint8_t RxBuffer[RXBUFFERSIZE];
/ * USER CODE END PV * /
/ * Private function prototypes * /
void SystemClock_Config(void);
static void MX_GPIO_Init(void);
```

```
static void MX_USART2_UART_Init(void);
int main(void)
{
  HAL_Init();
  SystemClock_Config();
  MX_GPIO_Init();
  MX_USART2_UART_Init();
  /* USER CODE BEGIN2 */
  HAL_UART_Receive_IT(&huart2, (uint8_t *)RxBuffer, RXBUFFERSIZE);
  /* USER CODE END2 */
  while (1)
  {
  }
}
```

上面的代码中直接使用了变量 RXBUFFERSIZE。对该变量的定义可以放到 main.h 头文件中,可以用 define 宏(也需放置到注释对中):

```
/* USER CODE BEGIN Private defines */
#define RXBUFFERSIZE  1                            //接收缓冲区的长度
/* USER CODE END Private defines */
```

将 RXBUFFERSIZE 定义为 1,也就是 1 字节。

7. 重定义回调函数

接下来重定义串口中断接收的回调函数 HAL_UART_RxCpltCallback()。

这个函数已经在 stm32g4xx_hal_uart.c 中有定义,只不过被定义为弱函数,实际就是一个空函数。需要重写它。与写 EXTI 的回调函数类似,也将该函数写在 main.c 中。

串口有数据送来,会执行中断服务函数 USART2_IRQHandler(),然后该函数又会调用函数 HAL_UART_IRQHandler()。调用一定次数的 HAL_UART_IRQHandler()函数后,就会自动执行回调函数 HAL_UART_RxCpltCallback()。前面已经提到,这里的"一定次数"是由 HAL_UART_Receive_IT()函数的第三个参数决定的,也就是前面在主程序中用到的常量 RXBUFFERSIZE。

由于把 RXBUFFERSIZE 定义为 1,所以串口收到 1 字节的数据后,会调用一次回调函数 HAL_UART_RxCpltCallback()。当调用回调函数之时,1 字节的数据已经放到了接收缓冲区中,也就是放到前面定义的数组 RxBuffer 中。那么,在回调函数中要做些什么呢?是否可以什么都不做,反正数据在调用该函数之前已经放到了数组中,只要在 main 函数的 while(1)循环中或别的地方利用这些数据就可以了? 这么理解当然也可以。前面提到过,调用 HAL_UART_Receive_IT()函数,不但实现了定义缓冲区并设置接收数据长度的功能,而且还有开启串口中断接收的功能。因此,在接收完指定长度的数据之后,需要重新开启接收中断的功能,否则后面就不会再进入中断了。可以在回调函数 HAL_UART_RxCpltCallback()中调用一下 HAL_UART_Receive_IT()函数,重新开启接收中断。对该函数的调用,可以连同 EXTI 的回调函数 HAL_GPIO_EXTI_Callback()一起写在 main.c 后面的注释对中:

```
/* USER CODE BEGIN 4 */
void HAL_UART_RxCpltCallback(UART_HandleTypeDef * huart)
{
    HAL_UART_Receive_IT(&huart2, (uint8_t *)RxBuffer, RXBUFFERSIZE);
}
void HAL_GPIO_EXTI_Callback(uint16_t GPIO_Pin)
{
    HAL_GPIO_WritePin(BUZ_GPIO_Port, BUZ_Pin, GPIO_PIN_RESET);
    HAL_Delay(100);                          //延时
    HAL_GPIO_WritePin(BUZ_GPIO_Port, BUZ_Pin, GPIO_PIN_SET);
}
/* USER CODE END 4 */
```

在 EXTI 的回调函数中使用了中断的方式实现:当按键按下时,让蜂鸣器响一声。

8. 修改 while(1)循环中的代码

下面介绍在 main 函数的 while(1)循环里写代码,实现以下功能:根据串口送来的数据,控制发光二极管的亮灭。当接收到的数据为 0x10(十六进制数)时,点亮 LD2;当接收到的数据不是 0x10 时,熄灭 LD2。

可以在 while(1)中完成如下代码:

```
/* USER CODE BEGIN WHILE */
while (1)
{
    /* USER CODE BEGIN 3 */
    if (RxBuffer[0] == 0x10)
      HAL_GPIO_WritePin(LED_GPIO_Port, LED_Pin, GPIO_PIN_SET);
    else
      HAL_GPIO_WritePin(LED_GPIO_Port, LED_Pin, GPIO_PIN_RESET);
}
/* USER CODE END 3 */
```

至此,代码的编写就完成了。

编译工程,如果没有出现错误,就可以下载到硬件中。

5.1.3　下载并查看结果

在下载之前,先打开主菜单 Run 选择 Debug Configurations 命令,在弹出的创建、管理和运行配置(Create, manage, and run configurations)界面中,用鼠标右击左侧栏目中的 STM32 Cortex-M C/C++ Application,可以建立一个新配置(New Configuration),命名为 ex_usart2_ch5 Debug(如果先完成工程编译,则会自动完成配置)。

配置完毕后,单击配置界面右下角的 Debug 按钮即可自动完成下载。

下载完成后,单击工具栏上的运行(Resume)按钮就可以运行程序了。

计算机与 MCU 进行串行通信,通常采用串口助手调试工具。串口助手有很多种类,本书采用的是微软应用商店(Microsoft Store)中下载的一种,界面如图 5.8 所示。

打开串口助手,在"串口号"下拉列表框中,选择 NUCLEO – G474RE 板上虚拟串口在计算机上分配的串口号,然后再选择波特率等参数,如图 5.8 所示。在串口助手的"发送设置"区,选择以十六进制数的形式发送数据到 MCU 中,输入数据后,单击右下角的数据发送按钮。

注意,配置好串口助手的参数后,一定要单击界面中的"打开串口"(与图 5.8 中的"关闭串口"在同一个位置)。硬件连通后,单击"打开串口",在同样的位置会显示"关闭串口"字样,如图 5.8 所示。

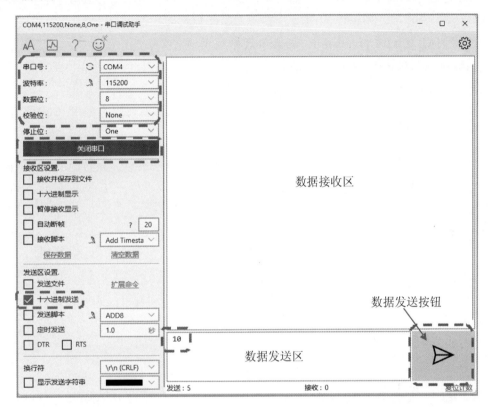

图 5.8 通过串口助手发送数据

在连接正常的情况下,通过串口助手发送 0x10 时板上的 LD2 灯会点亮,发送其他数据时 LD2 灯会熄灭。除此之外,还可以操作板上的按键,验证代码对蜂鸣器的控制。

5.2 串口数据发送

在前面的例子中,只是使用了串口的接收中断来接收数据,下面介绍通过串口从 MCU 向外发送数据。

5.2.1 实现串口发送的库函数

在 HAL 固件库中,常用的串口发送数据函数有以下两个:

```
HAL_UART_Transmit( * huart, pData, Size, Timeout)
HAL_UART_Transmit_IT( * huart, pData, Size)
```

这两个串口发送函数,前者是普通的串口发送,后者是用中断模式发送。这两个函数的参数基本相同,只是第一个函数多了一个超时时间(Timeout),意思是如果超过了设定的超时时间,还没有发送完毕,该函数会返回发送不成功的信息(发送超时提示 HAL_TIMEOUT)。这个 Timeout 延时的单位是毫秒(ms)。这两个函数的第一个参数是串口的结构体变量,第二个参数 pData 是要发送的数据缓冲区,第三个参数是发送数据的长度。

1. 使用 HAL_UART_Transmit( )函数实现数据发送

譬如,在前面的例子中,如果收到 0x10,则 MCU 送出字符串:Everything is OK;如果收到的数据不是 0x10,则 MCU 送出字符串:Received Error Data。

首先在 main 函数前定义两个放置这些字符的数组,可以与前面定义的 RxBuffer 放到相同的注释对中:

```
/ * USER CODE BEGIN PV * /
uint8_t CommOkMessage[] = "Everything is OK\r\n";
uint8_t CommErrMessage[] = "Received Error Data\r\n";
uint8_t CommFlag = 0;
uint8_t RxBuffer[RXBUFFERSIZE] = {0};
/ * USER CODE END PV * /
```

上面的定义中,还有一个用作标志的 CommFlag 变量,后面写代码时会用到。

字符串后的\r 和\n 称为转义字符,分别指回车和换行。所谓换行,实际就是将光标转移到下一行的起始处。

发送 CommOkMessage 字符串可以用如下语句:

```
HAL_UART_Transmit(&huart2,CommOkMessage,19,1000);
```

参数中的"19"是指 CommOkMessage 字符串共有 19 个字符(加上回车、换行符以及字符串结束符);"1000"是指超时时间。

2. 修改 while(1)中的代码

接下来,在 while(1)循环中编写代码实现功能如下:如果接收到的是 0x10,则发送字符串 CommOkMessage;如果接收到的不是 0x10,则发送字符串 CommErrMessage。为了避免 MCU 一直往外送数据,利用标志变量 CommFlag 进行控制。

下面给出 while(1)循环中的参考代码:

```
while (1)
{
  / * USER CODE BEGIN 3 * /
  if ((RxBuffer[0] == 0x10)&&( CommFlag == 1))
  {
    CommFlag = 0;
    HAL_GPIO_WritePin(LED_GPIO_Port, LED_Pin, GPIO_PIN_SET);
    HAL_UART_Transmit(&huart2,CommOkMessage,19,1000);
```

```
  }
  else if ((RxBuffer[0] != 0x10)&&( CommFlag == 1))
  {
    CommFlag = 0;
    HAL_GPIO_WritePin(LED_GPIO_Port, LED_Pin, GPIO_PIN_RESET);
    HAL_UART_Transmit(&huart2,CommErrMessage,22,1000);
  }
}
/* USER CODE END 3 */
```

3. 修改回调函数

此外，还要考虑标志变量 CommFlag 的置位问题。该操作应放到串口中断收到数据之后，所以，可以在回调函数中将 CommFlag 置位：

```
void HAL_UART_RxCpltCallback(UART_HandleTypeDef * huart)
{
  CommFlag = 1;
  HAL_UART_Receive_IT(&huart2, (uint8_t *)RxBuffer, RXBUFFERSIZE);
}
```

编译工程文件并下载到硬件中，结合串口助手即可验证串口发送的结果。

4. 使用 HAL_UART_Transmit_IT( )函数实现数据发送

此外，对于串口发送，还可以用中断的方式来实现。这时就要用到 HAL_UART_Transmit_IT( )函数了。可以直接将 while(1)循环中的 HAL_UART_Transmit( )改成 HAL_UART_Transmit_IT( )，但要把超时时间参数去掉。

譬如发送字符串 CommOkMessage 的函数就可以修改为

```
HAL_UART_Transmit_IT(&huart2,CommOkMessage,19);
```

对上述代码进行修改后，编译、下载，就可以验证使用中断函数进行串行数据发送的过程了。

5.2.2　修改回调函数的调用模式

在上面的功能实现中，串口每接收到 1 字节的数据，就调用一次回调函数。实际上，可以通过修改参数，在接收了一定长度的数据之后再调用回调函数。下面尝试当串口接收到 3 字节数据后再调用一次回调函数。

为此，需要将 HAL_UART_Receive_IT( )函数中的 Size 参数设置为 3，也就是把在 main.h 中声明的 RXBUFFERSIZE 修改为 3，可以直接在 main.h 中修改。

假如串口助手向 MCU 一次发送 3 字节的数据，其中第二个字节的数据是有意义的，而前后两个字节是编码，作为帧头和帧尾（可以任意设置，此处分别用字符"S"和"E"来表示，它们在 ASC Ⅱ 码表中对应的十六进制数分别为 0x53 和 0x45）。当 MCU 通过串口接收到 3 字节的数后，可以首先判断帧头和帧尾是否正确，如果正确，再进行下一步的处理。

修改 while(1)中的代码如下：

```
while(1)
{
    /* USER CODE BEGIN 3 */
    if((RxBuffer[0] == 0x53)&&(RxBuffer[2] == 0x45)&&(CommFlag == 1))
    {
        CommFlag = 0;
        if(RxBuffer[1] == 0x10)
        {
            HAL_GPIO_WritePin(LED_GPIO_Port, LED_Pin, GPIO_PIN_SET);
            HAL_UART_Transmit_IT(&huart2,CommOkMessage,19);
        }
        else
        {
            HAL_GPIO_WritePin(LED_GPIO_Port, LED_Pin, GPIO_PIN_RESET);
            HAL_UART_Transmit_IT(&huart2,CommErrMessage,22);
        }
    }
}
    /* USER CODE END 3 */
```

编译工程文件并下载到硬件中。可以通过串口助手发送数据并进行验证,如图 5.9 所示。

图 5.9　通过串口助手发送 3 字节的数据

在上面的例子中,实现了用中断方式接收串口数据,并通过回调函数一次性处理串口接收的多字节数据;此外,还使用中断和非中断方式实现了串口数据发送。

5.3　串口相关库函数与 printf 函数

5.3.1　串口相关库函数

截至目前,用到的 HAL 库函数有下面几个:
① 串口中断服务函数:

```
HAL_UART_IRQHandler(UART_HandleTypeDef * huart)
```

② 串口接收回调函数:

```
HAL_UART_RxCpltCallback(UART_HandleTypeDef * huart)
```

③ 串口接收中断配置函数:

```
HAL_UART_Receive_IT(UART_HandleTypeDef * huart, uint8_t * pData, uint16_t Size)
```

④ 串口发送函数:
非中断发送:

```
HAL_UART_Transmit( * huart, pData, Size, Timeout)
```

中断发送:

```
HAL_UART_Transmit_IT( * huart, pData, Size)
```

5.3.2　printf 函数

最后,再介绍一下 printf 函数。

在 C 语言中,有一个非常实用的库函数 printf,其声明是在头文件 stdio.h 中,作用是根据指定的格式输出字符串。当然,在 C 的学习中,用 printf 函数,是将输出送到位于界面中某处的控制台上。在 MCU 中,可以借用这种思想,利用 printf 函数将信息送到 MCU 的外设上。比较常用的场合就是通过串口发送数据。

那么,在 STM32CubeIDE 中,如何使用 printf 函数,实现从串口发送数据呢?

接下来就简单介绍一下使用 printf 函数的过程。

1. 包含头文件

当然,要想在代码中使用 printf 函数,需要在 main 函数中包含头文件 stdio.h。可以将它放到 main.c 最前面的一个注释对中:

```
/ * USER CODE BEGIN Includes * /
# include "stdio.h"
/ * USER CODE END Includes * /
```

2. 修改发送字符函数

加入 stdio.h 头文件后,就能直接使用 printf 函数了吗? 还不行,因为 printf 函数还需要 fputc 函数或 putchar 函数的支持,还需要在程序中给出它的实现代码。使用 fputc 还是 putchar,取决于编译器的类型。

由于 STM32CubeIDE 使用的是 GNU C/C++编译器,所以 printf 使用的底层函数是 putchar 函数,具体来说就是__io_putchar(int ch)。

可以在 main.c 中给出具体的实现:

```
int __io_putchar(int ch)
{
    HAL_UART_Transmit(&huart2, (uint8_t *)&ch, 1, 0xFFFF);
    return ch;
}
```

当然,需要把上面的实现代码放到注释对中。譬如,可以放到注释对/* USER CODE BEGIN 4 */ 和/* USER CODE END 4 */之间。与前面介绍的两个回调函数 HAL_UART_RxCpltCallback()和 HAL_GPIO_EXTI_Callback()放到一起。

在上面 putchar 函数的定义中,串口发送函数使用的是库函数 HAL_UART_Transmit(),每次发送 1 字节的数据。

完成上面的工作后,就可以使用 printf 函数通过串口发送数据了。

3. 使用 printf 函数发送数据举例

在上面例子的基础上进行修改,实现如下功能:程序执行后,MCU 首先通过串口发送提示字符串"Please Enter Data:";随后,等待接收数据;MCU 通过中断接收到 3 字节数据后,会将它们存储到 RxBuffer 数组中;最后,利用按键 B1 来查看送来的数据,即在按下 B1 键后,通过串口送出 RxBuffer 数组中接收到的数据。

要完成上述功能,首先要在 while(1)循环前使用 printf 函数通过串口送出提示输入数据的信息,譬如:

```
/* USER CODE BEGIN WHILE */
printf("Please Enter Data:\r\n");
while (1)
{
  /* USER CODE END WHILE */
  /* USER CODE BEGIN 3 */
  if ((RxBuffer[0] == 0x53)&&(RxBuffer[2] == 0x45)&&(CommFlag == 1))
  ......
}
/* USER CODE END 3 */
```

随后,修改按键中断处理的回调函数 HAL_GPIO_EXTI_Callback(),加入串口发送数据的代码。具体实现如下:

```
void HAL_GPIO_EXTI_Callback(uint16_t GPIO_Pin)
```

```
{
    HAL_GPIO_WritePin(BUZ_GPIO_Port, BUZ_Pin, GPIO_PIN_RESET);
    HAL_Delay(100);
    HAL_GPIO_WritePin(BUZ_GPIO_Port, BUZ_Pin, GPIO_PIN_SET);
    for(uint8_t i = 0; i < RXBUFFERSIZE; i++)
    {
        printf("RxBuffer[%d] = 0x%02x\r\n", i, RxBuffer[i]);
    }
}
```

在 printf 函数中，%d 是按整型数据输出，%x 是按十六进制格式输出，%02x 中的 02 表示位宽为 2，不够的话前边补 0。

上面代码修改完成后，就可以编译、下载。运行程序后，在串口助手的接收区，会看到提示输入数据的字符"Please Enter Data："。通过串口助手按十六进制格式送出数据 53 10 45 后，串口助手会接收到字符"Everything is OK"，表示数据已经正确收到。此外，如果想查看具体收到的是什么数据，可以按一下 NUCLEO - G474RE 板上的 B1 键，在串口助手上就会显示所接收到的数据，如图 5.10 所示。

图 5.10　printf 函数送出的数据

习 题

5.1 用中断方式实现串口数据接收：

(1) 通过发送命令控制 LD2 灯的亮灭和蜂鸣器响。

(2) 通过串口发送数据，控制 LD2 灯的闪烁次数；譬如发送的数为 8，则 LD2 灯闪烁 8 次后，停止闪烁(闪烁频率为 1 Hz)。

5.2 串口数据的发送与接收：

(1) 参照 5.2 节的例子，实现串口数据的发送与接收。

(2) 修改习题 5.1(2)，回送 LD2 灯闪烁的次数；譬如，要求闪烁 8 次，当第一次闪烁时，发送第一次闪烁的提示(具体内容自定义)，第二次闪烁时，发送第二次闪烁的提示……

5.3 多字节串口数据的发送与接收：

(1) 参照 5.2 节的例子，实现多字节串口数据的发送与接收。

(2) 修改习题 5.2(2)，通过串口助手发送数据，控制 LD2 灯的闪烁次数和闪烁频率，闪烁中将当前闪烁次数和频率信息送出来。

提示：如果 LED 的闪烁频率过快，有可能分辨不出来。测试时可以把频率放慢一些。

5.4 用 printf 函数发送数据的方式实现习题 5.3(2)。

5.5 问题描述：

一个班级有 120 名同学，刚完成了数学测验，成绩出来后，老师想根据成绩排一下名次。请用单片机实现。

成绩输入、排名输出均通过串口。为简化过程，假设仅有 20 名同学，通过串口助手采用交互式方式实现成绩输入，并且可以判断输入成绩是否有效(0～100 有效)，如果输入无效，提示重新输入。

第6章　定时器

第5章介绍了串行通信模块的使用,以及通过串口发送和接收数据的过程。本章将介绍MCU中另外一个重要的模块:定时器。

6.1　STM32G4 系列 MCU 的定时器

STM32G4 系列 MCU 的定时器功能比较强大,有下面几种定时器:1 个高精度定时器(high-resolution timer)、3 个高级控制定时器(advanced-control timer)、7 个通用定时器(general-purpose timer)和 2 个基本定时器(basic timer),此外,还有 2 个看门狗定时器(watchdog timer)和 1 个 SysTick 定时器。表 6.1 中给出了高精度定时器、高级控制定时器、通用定时器和基本定时器的主要性能对比。

表 6.1　定时器性能对比

类　型	定时器	计数器精度	计数器类型	预分频因子	DMA请求产生	捕捉/比较通道	互补输出
高精度定时器	HRTIM	16 位	Up	1/2/4(x2,x4,x8,x16,x32,带 DLL)	是	12	有
高级控制	TIM1、TIM8 和 TIM20	16 位	Up、Down 和 Up/Down	1~65 536之间的整数	是	4	4
通用	TIM2 和 TIM5	32 位	Up、Down 和 Up/Down	1~65 536之间的整数	是	4	无
通用	TIM3 和 TIM4	16 位	Up、Down 和 Up/Down	1~65 536之间的整数	是	4	无
通用	TIM15	16 位	Up	1~65 536之间的整数	是	2	1
通用	TIM16 和 TIM17	16 位	Up	1~65 536之间的整数	是	1	1
基本	TIM6 和 TIM7	16 位	Up	1~65 536之间的整数	是	0	无

虽然高精度定时器是 STM32G4 系列 MCU 的特色之一,但结构相对复杂,学习时最好能结合实际应用。在本章的案例中,没有使用它。本章先从比较容易使用的通用定时器 TIM3开始,了解定时器的主要参数及常用库函数。

定时器最基本的功能是起到定时的作用,其中有一个关键模块:计数器(counter)。该计数器可以循环往复计数,计数的模式有三种类型:升、降和升/降,也就是表 6.1 中的 Up、Down 和 Up/Down。Up 模式是从 0 到最大值递增计数,计到最大值后再从 0 重新开始计。如表 6.1 所列,除了 TIM2 和 TIM5 以外,其余的定时器中,计数器都是 16 位,相应的计数最大值为 65 535。除了计数器的参数以外,定时器中的另一个比较重要的参数是预分频因子(prescaler factor),这个参数关系到两次计数之间的计时间隔(具体数值,还要结合定时器的时钟频率来计算)。此外,定时器还可用于输入捕捉,以及产生 PWM 波形(互补)输出;当然,对这两个功能,不同的定时器是有差别的,见表 6.1 中的最后两列。

6.2 定时器中断

本章的第一个例子是利用 STM32G474RE 上的通用定时器,以定时器中断的方式控制 NUCLEO‑G474RE 板上的发光二极管 LD2 以不同的频率闪烁。这个功能在前面通过延时函数的方式已经实现了。不过,本章中将利用定时器的中断功能来实现。

6.2.1 建立新工程

下面从建立新工程开始,来熟悉使用 STM32G474 中定时器的过程。

首先,参照前面章节的例子建立一个新的 STM32 工程。在工程建立的步骤中,选择目标器件 STM32G474RET6,并为工程起名为 ex_tim_it_ch6,然后继续,直至工程建立完成。

1. 配置 GPIO

在硬件配置界面 ex_tim_it_ch6.ioc 中,配置 PA5 为输出(GPIO_Output)。在 NUCLEO‑G474RE 板上,用 PA5 控制发光二极管 LD2。

在工程主界面中,打开 System Core,从展开的列表中选择 GPIO;在右侧出现的 GPIO 模式和配置界面中,选中 PA5,按图 6.1 中所示参数进行配置。

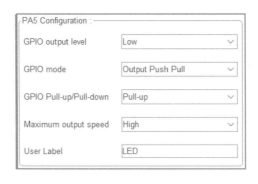

图 6.1　配置 PA5 的参数

2. 选择时钟源和 Debug 模式

打开 System Core 中的 RCC,在其右侧页面中,将高速外部时钟(HSE)设置为 Crystal/Ce-ramic Resonator,使用片外时钟晶体作为 HSE 的时钟源。最后,在 SYS 中将 Debug 设置为

Serial Wire。

3. 配置定时器

如图 6.2 所示,单击 Timers 中的 TIM3,打开 TIM3 的模式和配置界面。

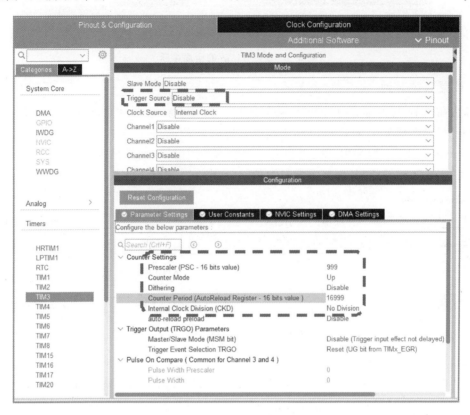

图 6.2 TIM3 的模式和配置界面

图 6.2 中,在上面的模式(Mode)区,将时钟源(Clock Source)选择为 Internal Clock;然后,在下面的配置区中,将参数设置(Parameter Settings)选项卡中的预分频因子(Prescaler)和计数器周期(Counter Period)分别设置为 999 和 16 999。这两个参数从 0 开始计数,分频因子为 999,实际为分频 999+1 倍;计数器周期的计算与此相同。

这里的计数周期实际就是计数器计数时的最大值,在时钟频率确定的情况下,预分频因子决定着两次计数之间的时间间隔。所以,根据这两个参数以及定时器的时钟频率,就可以计算出定时器计数的周期。此外,把计数模式(Counter Mode)设置为升模式(Up),并使能自动重载(auto-reload preload,在本例中,也可以不使能)。

4. 配置中断

随后,在 TIM3 的配置界面中,选中 NVIC 设置(NVIC Settings),使能 TIM3 的全局中断,如图 6.3 所示。

返回到 System Core 中的 NVIC 配置界面,将优先级组(Priority Group)选择为 4 bits for pre-emption priority 0 bits for subpriority。同时,还会看到,TIM3 global interrupt 已出现在中断表中,并且已使能;将它的抢占式优先级设为 1,响应优先级设为 0。

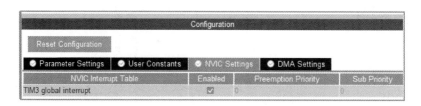

图 6.3　使能 TIM3 的全局中断

5. 配置系统时钟

随后,在工程主界面的 Clock Configuration 中,将系统时钟(SYSCLK)频率配置为 170 MHz,与前面章节中讲的时钟配置相同。定时器的时钟来自高级外设总线(APB,Advanced Peripheral Bus),APB 的时钟也有自己的预分频因子,如果该因子为 1,则定时器的时钟频率就与 APB 时钟相同,也与系统时钟相同,都是 170 MHz,如图 6.4 所示。

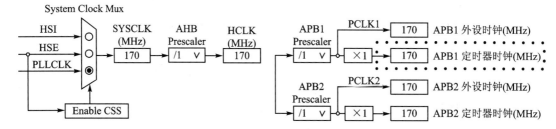

图 6.4　定时器的时钟频率

至此,硬件配置便完成了。保存 ex_tim_it_ch6.ioc 文件,启动代码生成过程(单击主菜单 Project 中的 Generate Code 命令),系统会将刚才配置硬件的信息自动转换成代码。

6.2.2　代码修改

打开 main. c(在工程界面左侧的浏览条目中,展开 Core→Src),会发现,与前面章节中的例子相比,在 main 函数的初始化代码部分,多了一个函数 MX_TIM3_Init()。这个函数的功能就是实现对定时器 TIM3 的初始化。

1. 时钟初始化函数

下面来看一下 MX_TIM3_Init()函数的定义(为了简洁,仅给出了部分代码):

```
static void MX_TIM3_Init(void)
{
    ......
    htim3.Instance = TIM3;
    htim3.Init.Prescaler = 999;
    htim3.Init.CounterMode = TIM_COUNTERMODE_UP;
    htim3.Init.Period = 16999;
    htim3.Init.ClockDivision = TIM_CLOCKDIVISION_DIV1;
    htim3.Init.AutoReloadPreload = TIM_AUTORELOAD_PRELOAD_ENABLE;
    if (HAL_TIM_Base_Init(&htim3) != HAL_OK)
```

```
  {
    Error_Handler();
  }
  ......
}
```

MX_TIM3_Init()函数主要完成对 TIM3 的模式和参数配置,如预分频因子、计数模式、计数周期等参数。在 MX_TIM3_Init()函数的定义中,用到了一个结构体变量 htim3,该结构体变量也被称为定时器句柄。这个变量是在自动代码生成过程中自动生成的,位于 main.c 文件的最前面:

```
TIM_HandleTypeDef htim3;
```

在 MX_TIM3_Init()函数的定义中,把设置的参数赋给了结构体变量 htim3,那么,它是如何实现与实际硬件关联的呢? 注意其中的那条 if 语句,在其条件表达式中调用了一个函数:

```
HAL_TIM_Base_Init(&htim3);
```

该函数只有一个参数。调用时,把刚配置的结构体变量 htim3 传递了过来。实际上,真正与硬件关联的,还不是 HAL_TIM_Base_Init()函数,而是在 HAL_TIM_Base_Init()函数中调用的 TIM_Base_SetConfig()函数。正是通过 TIM_Base_SetConfig()函数,才真正地把设置的参数传递给了相关寄存器。在库函数文件 stm32g4xx_hal_tim.c 中有对 TIM_Base_Set-Config()函数的定义。

2. 使能定时器中断

虽然前面配置了 TIM3 的中断功能,但在默认情况下,中断还不是开启的。所以,在使用时,还要开启该中断。开启定时器中断可以使用如下库函数:

```
HAL_TIM_Base_Start_IT(TIM_HandleTypeDef * htim);
```

该函数也只有一个参数,并且该参数也是一个结构体变量。对于 TIM3 来说,其实就可以用前面提到的 htim3。开启定时器中断可以使用如下代码:

```
/* USER CODE BEGIN 2 */
HAL_TIM_Base_Start_IT(&htim3);
/* USER CODE END 2 */
```

上述代码可以放到 main 函数中,位于 while(1)循环前面的注释对中。不过,需要将它放到 TIM3 初始化函数 MX_TIM3_Init()的后面。

3. 定时器的中断服务函数

开启 TIM3 的中断后,当条件满足时,就会执行定时器中断服务函数 TIM3_IRQHandler()。在 stm32g4xx_it.c 文件中有该函数的定义:

```
void TIM3_IRQHandler(void)
{
  HAL_TIM_IRQHandler(&htim3);
```

```
}
```

从 TIM3_IRQHandler() 函数的定义可见,它又调用了 HAL_TIM_IRQHandler() 函数,此函数的定义在 stm32g4xxhal_tim.c 中。实际上,在 HAL_TIM_IRQHandler() 函数中,还会调用 TIM 中断的回调函数 HAL_TIM_PeriodElapsedCallback()。这个函数的定义也是在 stm32g4xxhal_tim.c 中,不过,被定义为一个弱函数。这种方式与串口中断接收过程是类似的。就像对串口接收中断回调函数的处理一样,在定时器中断的使用中,需要做的是在 main.c 中重新定义 TIM 中断的回调函数。定时器中断服务相关函数的调用关系如图 6.5 所示。

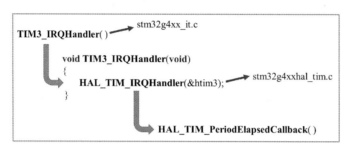

图 6.5　定时器中断服务相关函数的调用关系

4. 重定义定时器回调函数

可以在 main.c 中重新定义回调函数 HAL_TIM_PeriodElapsedCallback(),在其中使 PA5 的输出状态翻转。注意,要把它放置到注释对中。具体实现如下:

```
/* USER CODE BEGIN 4 */
void HAL_TIM_PeriodElapsedCallback(TIM_HandleTypeDef * htim)
{
  HAL_GPIO_TogglePin(LED_GPIO_Port, LED_Pin);
}
/* USER CODE END 4 */
```

在上面的例子中,定时器的预分频因子(Prescaler)和计数器周期(Counter Period)分别设置为 999 和 16 999,定时器的时钟频率为 170 MHz,最终 TIM3 中断的周期为

$$1\ 000/(170 \times 10^6) \times 17\ 000 = 0.1\ (s)\text{,即频率为 10 Hz}$$

5. 查看结果

编译工程并下载到硬件中运行,会看到 LD2 灯以 5 Hz 的频率闪烁。为什么是 5 Hz 呢? 因为控制 PA5 用的是 Toggle。

6. 修改定时器参数

打开 ex_tim_it_ch6.ioc,修改定时器的预分频因子(Prescaler)和计数器周期(Counter Period),改变 LD2 灯的闪烁频率为 1 Hz、0.5 Hz 等,并下载到硬件上进行验证。

6.3　输出 PWM 波形

接下来,介绍如何输出 PWM 波形。

6.3.1 PWM 输出引脚

通过表 6.1 可知,TIM3 有 4 个通道,所以可配置 4 个 PWM 输出:TIM3_CH1、TIM3_CH2、TIM3_CH3 和 TIM3_CH4。

由于 STM32 有引脚复用功能,信号具体从哪一个引脚输出,是需要配置的。不过,输出的引脚也不是任意的,需要选择特定的引脚。譬如 TIM3_CH1 这个 PWM 输出,在 STM32G474RE 中,可通过 PA6、PB4 和 PC6 送出。其他通道也分别有对应的可选引脚,这里不再一一列出。当然,对 TIM3_CH1 而言,虽然可由这三个引脚输出,但最终只能选择其中的一个。对 TIM3 的这 4 个 PWM 信号,选择输出引脚对应关系如下:

$$TIM3\_CH1——PB4$$
$$TIM3\_CH2——PB5$$
$$TIM3\_CH3——PB0$$
$$TIM3\_CH4——PB1$$

为了简单起见,先以配置一个通道 TIM3_CH1(通过 PB4 输出)为例。为了进行对比说明,同时也配置了 TIM3 的中断,并在中断时控制一个 GPIO 输出脉冲信号,该 GPIO 可选用 PC3 引脚。PC3 和 PB4 引脚的输出信号波形,用示波器进行观察。

6.3.2 建立新工程

参照前面章节给的例子,建立一个新的 STM32 工程。在工程建立的步骤中,选择目标器件 STM32G474RET6,并为工程起名为 ex_tim_pwm_ch6;然后继续,直至工程建立完成。

1. 配置 GPIO

在硬件配置界面 ex_tim_pwm_ch6.ioc 中,将 PC3 配置为输出(GPIO_Output)。在 NUCLEO-G474RE 板上,PC3 通过 CN7 端子的第 37 引脚引出。

在工程主界面中,打开 System Core,从展开的列表中选择 GPIO,在右侧出现的 GPIO 模式和配置界面中选中 PC3,按图 6.6 中所示参数进行配置。

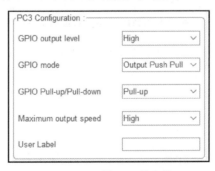

图 6.6 配置 PC3 的参数

2. 选择时钟源和 Debug 模式

打开 System Core 中的 RCC,在其右侧页面中,将高速外部时钟(HSE)设置为 Crystal/Ceramic Resonator,使用片外时钟晶体作为 HSE 的时钟源。最后,在 SYS 中将 Debug 设置为 Serial Wire。

3. 配置定时器

如图 6.7 所示,打开 Timers 中的 TIM3,将会显示 TIM3 的模式和配置界面。

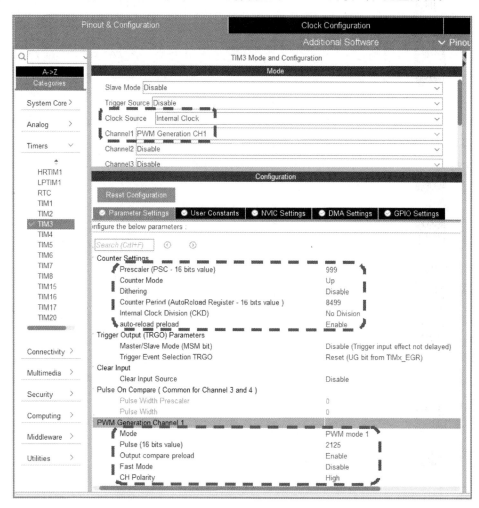

图 6.7 TIM3 的模式和配置界面

图 6.7 中,在上面的模式(Mode)区,将时钟源(Clock Source)设置为 Internal Clock;选择通道 1(Channel1)的参数为 PWM Generation CH1。然后,在下面的配置区中,将参数设置(Parameter Settings)中的预分频因子(Prescaler)和计数器周期(Counter Period)分别设置为999 和 8 499(这两个参数从 0 开始计数),计数模式(Counter Mode)设置为升模式(Up),并使能自动重载(auto-reload preload)。

与前面讲的定时器中断中的情况一样,预分频因子决定着两次计数之间的时间间隔,这里设置的 1 000(999+1),是将时钟脉冲分频 1 000 倍。假如时钟频率为 170 MHz,则分频 1 000 倍后就是 170 kHz。

将计数周期设置为 8 499,也就是计数到 8 499 后,重新从 0 开始计。在计数频率 170 kHz之下,计数器的周期为 $(1/170\times10^{3})\times8\,500\approx50$(ms),对应的频率为 20 Hz。

在 PWM Generation Channel 1 的参数配置中,选择模式(Mode)为 PWM mode 1,脉冲数

(Pulse)设置为 2 125(该参数从 1 开始),通道极性(CH Polarity)设置为 High。其他两个参数暂时用不到,用默认值就可以了。通道极性参数用于指定在 Pulse 个计数期间,输出的是高电平还是低电平。什么意思呢? 举例来说,如果选择 High,那么开始计数后在 Pulse 个计数内输出的高电平,其余时间内为低电平;如果选择 Low,那么在此期间输出低电平,其余时间为高电平。这里脉冲数 Pulse 决定着占空比,这里设为 2 125,是计数器周期的 1/4,所以占空比刚好为 25%。

4. 配置中断

随后,在 TIM3 的配置界面中选中 NVIC 设置(NVIC Settings),使能 TIM3 的全局中断。

继续配置 System Core 中的 NVIC。优先级组(Priority Group)选择 4 bits for pre-emption priority 0 bits for subpriority。可以看到,TIM3 global interrupt 已经出现在中断表中,并且已被使能,将其抢占式优先级设为 1,响应优先级设为 0。

由于后面会用到 HAL_delay 函数,所以在 NVIC 中要将 System tick timer 的抢占式优先级设为最高(0 级)。

5. 配置系统时钟

随后,在工程主界面的 Clock Configuration 中,将系统时钟(SYSCLK)频率配置为 170 MHz,与前面例子中的时钟配置相同。

至此,硬件配置便完成了。保存 ex_tim_pwm_ch6 文件,启动代码生成过程(单击主菜单 Project 中的 Generate Code 命令),系统会将刚才配置硬件的信息自动转换成代码。

6.3.3 代码修改

由于配置了 TIM3 中断,希望在中断发生后通过 PC3 引脚送出一个脉冲信号,因此,需要重定义 TIM3 中断的回调函数 HAL_TIM_PeriodElapsedCallback()。

1. 重定义回调函数

将回调函数的定义放到 main.c 后面的注释对中,实现代码如下:

```
/* USER CODE BEGIN 4 */
void HAL_TIM_PeriodElapsedCallback(TIM_HandleTypeDef * htim)
{
  HAL_GPIO_WritePin(GPIOC, GPIO_PIN_3, GPIO_PIN_RESET);
  HAL_Delay(12);
  HAL_GPIO_WritePin(GPIOC, GPIO_PIN_3, GPIO_PIN_SET);
}
/* USER CODE END 4 */
```

在回调函数 HAL_TIM_PeriodElapsedCallback()的定义中,使用了对 GPIO 进行操作的库函数 HAL_GPIO_WritePin()。该函数在前面章节中已多次使用。

2. 启动定时器中断

在前面定时器中断的例子中提到过,虽然通过.ioc 文件配置了定时器中断,但在默认情况下并没有开启,所以需要在主程序的初始化代码部分调用库函数 HAL_TIM_Base_Start_IT()

启动定时中断。

对定时器的 PWM 输出而言,情况也是类似的。虽然在上面的配置完成之后,自动生成的代码就已经具备产生 PWM 信号的条件了,但还是要在初始化时使能 PWM。为此,可以调用库函数 HAL_TIM_PWM_Start()。该函数有两个参数,一个是指定定时器句柄,另一个是指定需要开启的 PWM 通道。

将上述两个库函数放到 main 函数中,位于 while(1)前与 TIM3 初始化函数 MX_TIM3_Init()之间的注释对中:

```
/* USER CODE BEGIN 2 */
  HAL_TIM_Base_Start_IT(&htim3);
  HAL_TIM_PWM_Start(&htim3, TIM_CHANNEL_1);
/* USER CODE END 2 */
```

编译工程并下载到硬件中,将程序运行起来。

3. 查看结果

可以通过示波器查看 PC3 和 PB4 的输出波形,如图 6.8 所示。

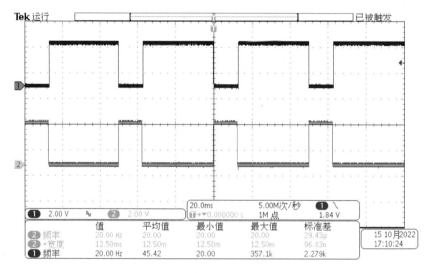

图 6.8　PWM 输出波形

图 6.8 中,通道 1 是 PC3 输出的波形,该波形是 PC3 在 TIM3 中断的控制下产生的一个约 12 ms 的脉冲(低电平脉冲)。由于在前面配置 GPIO 参数时,将 PC3 配置为上拉,即通常情况下是高电平输出,并且在 TIM3 的中断回调函数中,先让 PC3 输出 0,延时 12 ms,随后又输出 1,所以最终产生了此波形。

通道 2 是 PB4 PWM 的输出波形。这是一个正脉冲,高电平所占时间为 12.5 ms,周期实际为 50 ms,占空比为 25%,与前面设置的参数保持一致。这里的 PWM 之所以是正脉冲,是因为前面配置 PWM 输出通道极性时选择了 High,如果选择的是 Low,则这个波形会刚好反过来,类似于通道 1 中的波形。

6.3.4 输出两路 PWM 波形

至此,已经了解了如何利用定时器输出一路 PWM 波形。前面提到过,对 TIM3 来说,是可以输出 4 路 PWM 波形的。下面通过修改 ex_tim_pwm_ch6.ioc 将 TIM3_CH2 由 PB5 引脚送出来,设置 TIM3_CH2 输出的占空比为 50%。

1. 配置 PWM 输出引脚

首先,需要在硬件配置界面中将 PB5 引脚的功能选择为 TIM3_CH2,如图 6.9 所示。

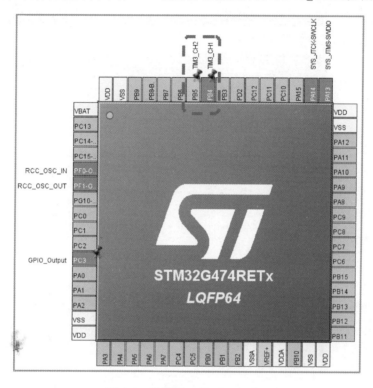

图 6.9 设置 PB5 为 TIM3_CH2

2. 修改定时器参数

随后,单击 Timers 中的 TIM3,打开 TIM3 的模式和配置界面,按如图 6.10 所示参数进行配置。

图 6.10 中,在上面的模式(Mode)区中,通道 2(Channel 2)的参数选择 PWM Generation CH2;然后,在下面的配置区中,PWM Generation Channel 2 模式(Mode)选择 PWM mode 1,脉冲数(Pulse)设置为 4 250,通道极性(CH Polarity)设置为 High,其余参数保持不变。

配置完成后,保存 ex_tim_pwm_ch6.ioc 文件,并启动代码自动生成。

3. 代码修改

打开 main.c(在工程界面左侧的浏览条目中,展开 Core→Src),在 while(1)循环前面的初始化代码中,增加开启 TIM3 的 PWM 通道 2 的语句:

```
/* USER CODE BEGIN 2 */
```

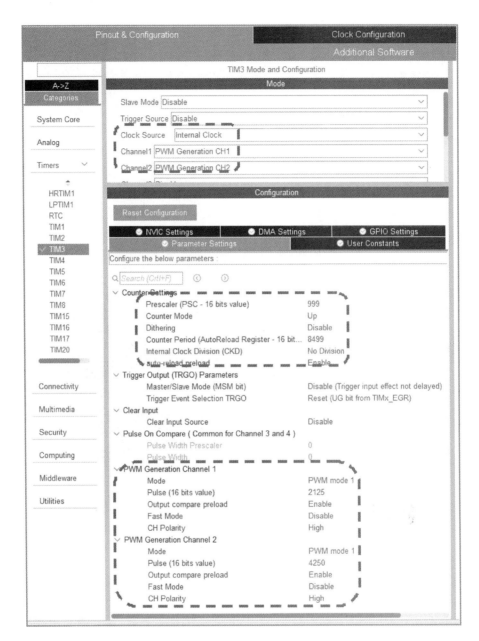

图 6.10　TIM3 的模式和配置界面

```
HAL_TIM_Base_Start_IT(&htim3);
HAL_TIM_PWM_Start(&htim3, TIM_CHANNEL_1);
HAL_TIM_PWM_Start(&htim3, TIM_CHANNEL_2);
/* USER CODE END 2 */
```

编译工程并下载到硬件中,将程序运行起来。

4. 查看结果

通过示波器查看 PB4 和 PB5 的输出波形。在 NUCLEO–G474RE 板上,PB5 从 CN10 端子的第 29 引脚引出。其波形如图 6.11 所示。

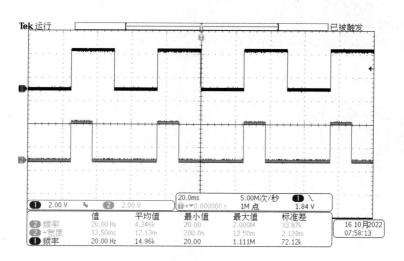

图 6.11　两路 PWM 输出波形

在图 6.11 中,通道 1 为 PB5 输出的波形,通道 2 还是 PB4 输出的波形。从波形图中可以看出,PB5 输出波形脉冲宽度为 25 ms,周期 50 ms,占空比刚好为 50%。

5. 改变 PWM 波形占空比

上面例子中,所输出的 PWM 波形占空比是固定的,如何改变它呢? 通过前面的介绍可知,要想改变占空比,就需要调整 PWM 产生通道(PWM Generation Channel)参数中的脉冲数(Pulse)这一参数。不过,在固件库中,没有专门的函数可以改变这个参数。实际上,这个参数对应的是 TIM3 的捕捉/比较寄存器 CCRx(x=1~4),脉冲数即该寄存器的值。因为 TIM3 有四个通道,所以它有四个 CCR 寄存器:TIM3_CCR1、TIM3_CCR2、TIM3_CCR3 和 TIM3_CCR4,分别对应 TIM3_CH1、TIM3_CH2、TIM3_CH3 和 TIM3_CH4 四个 PWM 输出通道的脉冲数(Pulse)。在代码中给这些寄存器赋值其实很简单,以给 TIM3_CCR1 赋值为例,可以直接采用下面的语句:

```
TIM3 ->CCR1 = PwmValCH1;
```

在这条语句中,PwmValCH1 为一变量,是将要设定的 TIM3_CH1 的脉冲数的值。TIM3 在 STM32CubeIDE 中已经被声明为一个指针型结构体,指向 TIM3 寄存器的基地址,所以可直接用“->”访问其成员变量 CCR1。

为了达到可变占空比的效果,可以在 main.c 中定义两个全局变量,放到注释对中:

```
/ * USER CODE BEGIN PV * /
uint16_t PwmValCH1 = 0;
uint16_t PwmValCH2 = 8500;
/ * USER CODE END PV * /
```

这两个参数分别用于修改 TIM3_CH1、TIM3_CH2 的脉冲数。

可以在 TIM3 的中断回调函数中修改相应的 CCR 寄存器的值,这样输出 PWM 波形的占空比就会逐渐变化。

下面给出修改后的 TIM3 中断回调函数的定义:

```
/* USER CODE BEGIN 4 */
void HAL_TIM_PeriodElapsedCallback(TIM_HandleTypeDef * htim)
{
  PwmValCH1 = PwmValCH1 + 500;
  PwmValCH2 = PwmValCH2 - 500;
  if (PwmValCH1 > = 8500)
      PwmValCH1 = 500;
  if (PwmValCH2 < = 500)
      PwmValCH2 = 8500;
  TIM3 ->CCR1 = PwmValCH1;
  TIM3 ->CCR2 = PwmValCH2;
}
/* USER CODE END 4 */
```

编译工程并下载到硬件中，运行程序。

6. 查看改变 PWM 波形占空比的结果

通过示波器可以查看占空比可变的 PWM 波形，如图 6.12 所示。

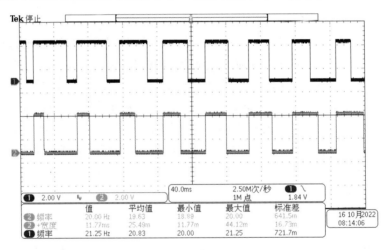

图 6.12　占空比可变的 PWM 波形

从图 6.12 中可以看出，通道 1 的占空比有逐步减小趋势，通道 2 的占空比在逐步增加。

在上面的例子中，利用 TIM3 产生了两路 PWM 波形，实际上 TIM3 可以输出四路 PWM 波形；按照上面例子中的配置方法，多路 PWM 波形输出也可以很方便地实现。

6.4　互补型 PWM 输出

此外，还有一种互补型的 PWM 输出，也就是说，两路输出是完全互补的，某时刻一路输出高电平，另外一路就输出低电平。这种互补型的 PWM 输出在电力电子的控制中经常用。譬如，对单相 H 桥高、低压臂上的开关进行控制，因为同一桥臂上的两个开关不能同时导通，所以就需要用这种互补型的 PWM。不过，从表 6.1 中的最后一列可以看到，TIM3 没有互补型 PWM。

为了解互补型 PWM 输出,下面将以 TIM1 为例介绍其配置过程。由于 TIM1 属于高级控制定时器,性能要比作为通用定时器的 TIM3 高,所以配置参数也较多。为了简单起见,在下面的介绍中,将重点关注会用到的参数,一些当前用不到的参数暂时略过。

6.4.1 引脚对应关系

从表 6.1 中可知,TIM1 有四个通道,所以也可以配置四个 PWM 输出:TIM1_CH1、TIM1_CH2、TIM1_CH3 和 TIM1_CH4。此外,TIM1 还有四个互补型 PWM 输出。譬如 TIM1_CH1 的互补型 PWM 是 TIM1_CH1N,TIM1_CH2 对应 TIM1_CH2N,TIM1_CH3 对应 TIM1_CH3N,TIM1_CH4 对应 TIM1_CH4N。

由于引脚复用,这些 PWM 信号可通过配置从不同的引脚输出。当然,具体输出的引脚也不是任意的,默认情况下,需要从特定的引脚中进行选择。譬如 TIM1_CH1 这个 PWM 输出,在 STM32G474RE 中,可通过 PA8/PC0 输出,TIM1_CH1N 可通过 PA7/PA11/PB13/PC13 输出。不过,最终只能选择其中的一个引脚。TIM1 的四个 PWM 输出通道对应的引脚(详细内容可以查看 STM32G474RE 的文档)如下:

TIM1_CH1——PA8/PC0, TIM1_CH1N——PA7/PA11/PB13/PC13

TIM1_CH2——PA9/PC1, TIM1_CH2N——PA12/PB0/PB14

TIM1_CH3——PA10/PC2, TIM1_CH3N——PB1/PB9/PB15

TIM1_CH4——PA11/PC3, TIM1_CH4N——PC5

下面以 TIM1_CH1 和 TIM1_CH1N 这对互补型 PWM 输出为例,介绍互补型 PWM 的配置过程。

6.4.2 建立新工程

首先,参照前面章节的例子建立一个新的 STM32 工程。在工程建立的步骤中,选择目标器件 STM32G474RET6,并为工程起名为 ex_tim_pwm_cmpmt_ch6,然后继续,直至工程建立完成。

在硬件配置界面 ex_tim_pwm_cmpmt_ch6.ioc 中,配置 PA8 为 TIM1_CH1 的输出引脚,PA7 为 TIM1_CH1N 的输出引脚,如图 6.13 所示。

1. 配置 GPIO

此外,还计划测试一下 TIM1 的中断功能,看一看与 TIM3 有何异同;所以,配置 PC3 作为输出(GPIO_output),在 TIM1 的中断函数中控制 PC3 的输出状态。

在硬件配置界面 ex_tim_pwm_cmpmt_ch6.ioc 中,打开 System Core,从展开的列表中选择 GPIO,右侧将会出现 GPIO 模式和配置界面,选中 PC3,配置参数为:初始 High,推挽输出,上拉,输出速度 High。

2. 选择时钟源和 Debug 模式

打开 System Core 中的 RCC,在其右侧页面中,将高速外部时钟(HSE)设置为 Crystal/Ceramic Resonator,使用片外时钟晶体作为 HSE 的时钟源。最后,在 SYS 中将 Debug 设置为 Serial Wire。

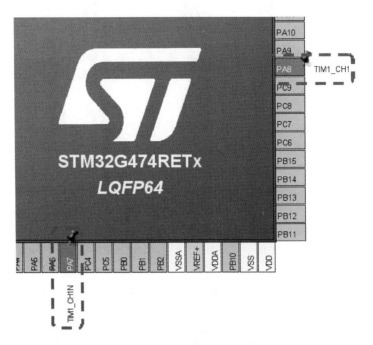

图 6.13　配置互补型 PWM 输出引脚

3. 配置定时器

单击 Timers 中的 TIM1,将会打开 TIM1 的模式和配置界面,如图 6.14 所示。

图 6.14 中,在上面的模式(Mode)区中,时钟源(Clock Source)选择 Internal Clock,通道 1(Channel 1)的参数选择 PWM Generation CH1 CH1N;然后,在下面的配置区中,将参数设置(Parameter Settings)中的预分频因子(Prescaler)和计数器周期(Counter Period)分别设置为 0 和 8 499,计数模式(Counter Mode)设置为升模式(Up),并且使能自动重载(auto-reload preload)。

本例中,没有对定时器时钟分频(预分频因子设置为 0),所以计数器的两次计数之间的时间间隔就是系统时钟频率的倒数。假如时钟频率为 170 MHz,则两次计数的时间间隔为 $(1/170)$ μs。

将计数周期设置为 8 499,也就是计数到 8 499 后重新从 0 开始计。在时钟频率 170 MHz 之下,计数器的周期为 $(1/170 \times 10^6) \times (8\ 499+1) \approx 50$ (μs),对应的频率为 20 kHz。

由于 TIM1 的性能比 TIM3 高,所以配置参数也多了不少。在图 6.14 中,将参数设置(Parameter Settings)选项卡中的信息往下面翻,就可以看到设置 PWM 输出波形参数的栏目,如图 6.15 所示。

在图 6.15 的 PWM Generation Channel 1 and 1N 的参数配置中,模式(Mode)选择 PWM mode 1,脉冲数(Pulse)设置为 2 125,通道极性(CH Polarity)设置为 High。其他参数暂时用不到,保持默认值。根据前面例子中的介绍,这里脉冲数 Pulse 决定着占空比,此处设为 2 125,而计数器周期为 8 500,所以占空比刚好为 25%。

在图 6.15 中,有一个设置死区时间(Dead Time)的参数,这个参数在默认时是 0,先把它改成 100,具体含义后面结合波形图再来介绍。

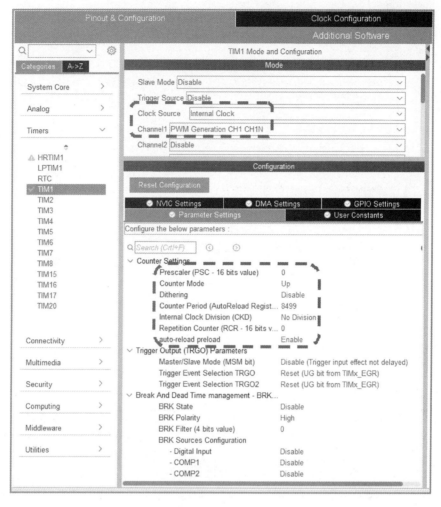

图 6.14　TIM1 配置界面

4. 配置中断

随后，在 TIM1 的配置界面中打开 NVIC 设置（NVIC Settings），会发现比 TIM3 的中断多了三个（TIM3 只有一个中断），这里使能 TIM1 的 update 中断（与 TIM16 全局中断共用），如图 6.16 所示。

继续配置 System Core 中的 NVIC。优先级组（Priority Group）还是选择 4 bits for preemption priority 0 bits for subpriority。还可以看到，TIM1 update interrupt 出现在中断表中，并且已使能，将它的抢占式优先级设为 1，响应优先级设为 0。

5. 配置系统时钟

随后，在硬件配置界面 ex_tim_pwm_cmpmt_ch6.ioc 中打开 Clock Configuration，将系统时钟（SYSCLK）频率配置为 170 MHz，与前面例子中的时钟配置相同。

配置完成后，保存 ex_tim_pwm_cmpmt_ch6.ioc 文件，并启动代码自动生成。

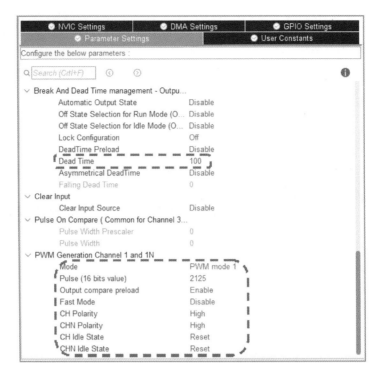

图 6.15　设置 TIM1 的 PWM 输出参数

NVIC Interrupt Table	Enabled	Preemption Priority
TIM1 break interrupt and TIM15 global interrupt	☐	0
TIM1 update interrupt and TIM16 global interrupt	☑	1
TIM1 trigger and commutation interrupts and TIM17 global interrupt	☐	0
TIM1 capture compare interrupt	☐	0

图 6.16　TIM1 的中断

6.4.3　代码修改

由于配置了 TIM1 中断，所以希望在中断发生后通过 PC3 引脚送出一个脉冲信号。为此，需要重定义 TIM1 中断的回调函数 HAL_TIM_PeriodElapsedCallback()。

1. 重定义回调函数

将回调函数放到 main.c 后面的注释对中，实现代码如下：

```
/* USER CODE BEGIN 4 */
void HAL_TIM_PeriodElapsedCallback(TIM_HandleTypeDef * htim)
{
    HAL_GPIO_TogglePin(GPIOC, GPIO_PIN_3);
}
/* USER CODE END 4 */
```

随后，还需要在主程序中的初始化代码部分调用库函数，开启定时器中断、使能 PWM。

启动定时器中断还需要用库函数 HAL_TIM_Base_Start_IT()。调用该函数的语句如下：

```
HAL_TIM_Base_Start_IT(&htim1);
```

其中，htim1 为 TIM1 的句柄。

2. 使能 PWM 输出

在前面的例子中，使用了库函数 HAL_TIM_PWM_Start()使能 PWM 输出。本例中，还需要调用该函数，启动 TIM1 的 PWM 通道 1 的输出：

```
HAL_TIM_PWM_Start(&htim1, TIM_CHANNEL_1);
```

不过，在本例中还需要输出一个与 TIM1_CH1 互补的 TIM1_CH1N。该如何实现呢？是否有专门的库函数？是的，使能互补型的 TIM1_CH1N 是需要另外一个库函数的：

```
HAL_TIMEx_PWMN_Start(&htim1, TIM_CHANNEL_1);
```

将上述三个初始化用库函数的调用放到 main 函数中，位于 while(1)之前、TIM1 初始化函数 MX_TIM1_Init()之后的注释对中：

```
/* USER CODE BEGIN 2 */
HAL_TIM_Base_Start_IT(&htim1);
HAL_TIM_PWM_Start(&htim1, TIM_CHANNEL_1);
HAL_TIMEx_PWMN_Start(&htim1, TIM_CHANNEL_1);
/* USER CODE END 2 */
```

编译工程并下载到硬件中，将程序运行起来。

3. 查看结果

通过示波器可以查看 PC3、PA7 和 PA8 的输出波形，如图 6.17 所示。

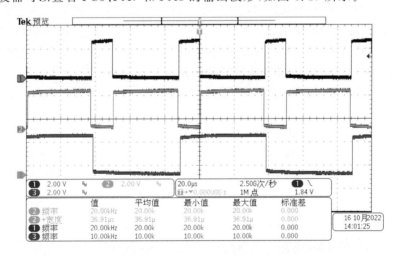

图 6.17　互补型 PWM 输出波形

图 6.17 中，最上面的是第 1 通道接 PA8 引脚的输出，对应 TIM1_CH1；中间的是第 2 通道接 PA7 引脚的输出，对应 TIM1_CH1N；第 3 通道接的是 PC3。

从这个波形图中，可以看到两路 PWM 波形频率都是 20 kHz，并且互补。PC3 输出的信号周期为 10 kHz，刚好是 PWM 波形频率的一半。为什么是这样呢？因为在 TIM1 中断的回调函数中控制 PC3 用的是 HAL_GPIO_TogglePin()函数，每次中断时只是让 PC3 的状态翻转，所以频率为定时器中断频率的一半。

4. 死区参数的作用

从图 6.17 中，看到两路 PWM 波形除了高低电平互补以外，其他没有什么区别。那么，在图 6.15 中设置的死区时间(Dead Time)参数，体现在何处呢？

如果把图 6.17 中的波形图按时间轴展开，仔细看一下两个波形就会发现，它们还是有差别的。波形展开后，就能看到设置死区时间的效果了。展开后的波形图如图 6.18 所示。

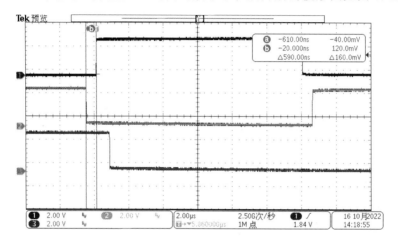

图 6.18　互补型 PWM 波形中的死区时间

在图 6.18 中，可以清楚地看到，在 PA8(通道 1)由低电平变为高电平之前，PA7(通道 2)就已经由高电平变为了低电平，这两个跳变沿之间的时间就是死区时间。在这个死区时间之内，两路 PWM 的输出均为低电平。如果这两路 PWM 分别控制一个 H 桥的高、低压臂开关，则在此死区时间之内，两个开关均不导通。为什么需要这样呢？因为实际开关的动作(导通和关断)是需要时间的，虽然互补型 PWM 在理论上能保证两路信号完全互补，但从信号发出到开关实际动作，还是需要一定时间的。死区时间的设置，就可以避免两个开关同时导通的可能性。

在图 6.15 中，设置死区时间参数为 100。由于没有设置计数器的预分频因子，所以两次计数的时间间隔为 $(1/170)\mu s$，这个 100 所代表的时间就是 100 个定时器的时钟周期，约为 $0.588\ \mu s$。在图 6.18 右上角的光标测量结果栏，可以看到该死区时间的测量值为约 $0.588\ \mu s$（示波器测量结果为 590 ns）。

6.5　定时器模块的输入捕捉

上面介绍了定时器的中断以及 PWM 波形的产生。下面再介绍一下定时器的另一个常用功能：输入捕捉。

定时器的输入捕捉功能可以用于计算两个脉冲边沿之间的时间差值。这通常是通过输入捕捉中断来实现的。在第一个脉冲边沿时,产生一次中断,记录当前计数器的计数值;在随后的一个边沿时刻,也记录一下计数值;这两个记录值的差值,换算成时间间隔,就是两次脉冲边沿之间所经过的时间。在信号为周期性脉冲的情况下,如果两个边沿类型是一致的,譬如均为上升沿或下降沿,则记录的时间就是脉冲信号的周期时间;如果两个边沿的类型不同,如分别为上升沿和下降沿,则记录的就是脉冲的宽度。

下面通过一个例子来介绍如何使用定时器的输入捕捉功能。在这个例子中,还是使用TIM1。使用定时器的输入捕捉功能时,也会涉及通道问题,这一点与 PWM 输出功能类似。TIM1 有四个通道,在前面的例子中,用了通道 1,这次用通道 2(TIM1_CH2)作为输入捕捉通道。TIM1_CH2 可以映射到 PA9/PC1 引脚,本例中使用 PC1 引脚,在 NUCLEO－G474RE 板上,该引脚经由 CN7 端子的第 36 引脚引出。

此外,为了显示记录的时间值,还会使用串口模块 USART2,通过串口将计算的时间值发送出来。

6.5.1 建立新工程

接下来,通过建立新的工程介绍定时器输入捕捉功能的使用方法。

首先,参照前面章节的例子建立一个新的 STM32 工程。

在工程建立的步骤中,选择目标器件 STM32G474RET6,并为工程起名为 ex_tim_pwm_ic_ch6,然后继续,直至工程建立完成。

1. 配置 GPIO

在硬件配置界面 ex_tim_pwm_ic_ch6.ioc 中,配置 PC1 为 TIM1_CH2 的输出引脚。

2. 选择时钟源和 Debug 模式

打开 System Core 中的 RCC,在其右侧页面中,高速外部时钟(HSE)选择 Crystal/Ceramic Resonator,使用片外时钟晶体作为 HSE 的时钟源。最后,在 SYS 中将 Debug 设置为 Serial Wire。

3. 配置定时器

单击 Timers 中的 TIM1,可以打开 TIM1 的模式和配置界面,如图 6.19 所示。

在图 6.19 中,在上面的模式(Mode)区中,时钟源(Clock Source)选择 Internal Clock,通道 2(Channel 2)的参数选择 Input Capture direct mode;然后,在下面的配置区中,将参数设置(Parameter Settings)中的预分频因子(Prescaler)和计数器周期(Counter Period)分别设置为16 999 和 65 535,计数模式(Counter Mode)设置为升模式(Up),并且使能自动重载(auto-reload preload)。

前面介绍过,计数器的预分频因子决定着计数器两次计数之间的时间间隔,这里设置预分频因子为 16 999,是何用意呢? 假如时钟频率为 170 MHz,预分频因子为 16 999,则两次计数的时间间隔为 $\dfrac{16\ 999+1}{170\times10^{6}}=100$ (μs)。

要实现脉冲时间计数,需要在输入捕捉中记录两个边沿发生时刻计数器的计数值,所以将计数周期设置为 65 535(16 位所能表示的最大值)。由于两次计数的时间间隔是 100 μs,所以当计数周期为 65 535 时,能记录的最长时间为(65 535＋1)×100 μs,约 6.55 s。如果两个边

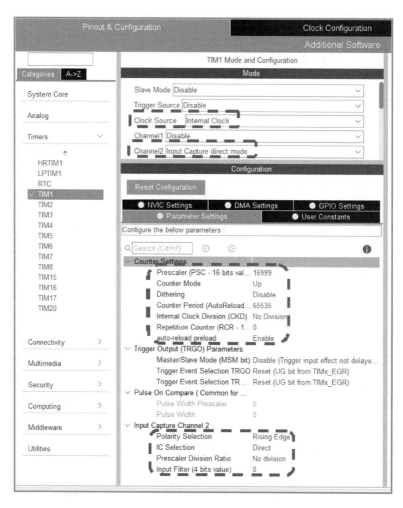

图 6.19　TIM1 的模式与配置

沿之间的时间超过此值,就需要特殊处理了。

　　当然这里将预分频因子设置为一个较大的值,虽能记录较长的时间,但时间分辨率却降低了。譬如,在上述参数下,时间分辨率仅为 100 μs。记录时长和时间分辨率是一对矛盾,需要根据具体情况进行调整。

　　在图 6.19 中,下面还有对输入捕捉通道(Input Capute Channel 2)的参数配置,其中第一个参数就是边沿极性选择,可以选择上升沿(Rising Edge)、下降沿(Falling Edge)及上升/下降沿(Both Edges),上升/下降沿的意思是两种边沿都会产生捕捉中断。在接下来的捕捉选择(IC Selection)中,选择 Direct。下面的预分频比率(Prescaler Division Ratio),选择不分频(No division)。预分频比率这个参数可以设置多次事件触发一次捕捉,选择 No division,意思就是来一个边沿就触发一次捕捉。最后一个参数为输入滤波器(Input Filter),这个参数是为了抗干扰用的,在这个例子中暂不使用,设置为 0。

　　随后,在 TIM1 的配置界面中打开 NVIC 设置(NVIC Settings),这里只会用到捕捉中断,选中 TIM1 capture compare interrupt 就可以了。

4. 配置串口

由于送出计算的时间值需要使用串口,所以还需要配置一下串口。在硬件配置界面 ex_tim_pwm_ic_ch6.ioc 中打开 Connectivity,选中 USART2,在 USART2 的模式(Mode)区中选择 Asynchronous;在下面的配置(Configuration)区中,展开的参数设置(Parameter Settings)选项卡,保持默认值即可(波特率为 115 200),如图 6.20 所示。

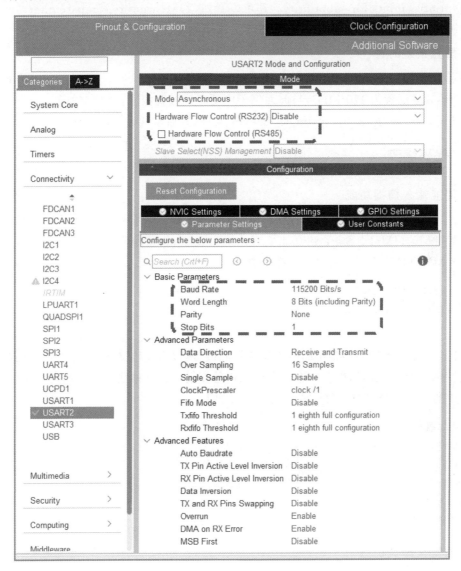

图 6.20 USART2 的模式和配置

在图 6.20 中,打开配置(Configuration)区的 GPIO 设置(GPIO Settings)选项卡,按图 6.21 所示设置 USART2 的两个引脚 PA2 和 PA3 的参数。

由于本例中只是通过串口发送数据,无需使用串口的中断功能,所以不用设置串口中断。

5. 配置中断

继续配置 System Core 中的 NVIC。优先级组(Priority Group)还是选择 4bits for pre-

..▲	Signal on Pin	G..	GPIO mode	GPIO..	Maxi..	Fas..	User L..	Modified
PA2	USART2_TX	n/a	Alternate Function Push Pull	Pull-up	High	n/a		☑
PA3	USART2_RX	n/a	Alternate Function Push Pull	Pull-up	High	n/a		☑

图 6.21　修改 USART2 引脚参数

emption priority 0 bits for subpriority。还可以看到,TIM1 capture compare interrupt 出现在中断表中,并且已使能,将它的抢占式优先级设为 1,响应优先级设为 0。

6. 配置系统时钟

随后,在硬件配置界面 ex_tim_pwm_ic_ch6.ioc 中打开 Clock Configuration,将系统时钟(SYSCLK)频率配置为 170 MHz,与前面例子中的时钟配置相同。

配置完成后,保存 ex_tim_pwm_ic_ch6.ioc 文件,并启动代码自动生成。

6.5.2　代码修改

1. 使能输入捕捉功能

首先,需要在主程序初始化时开启 TIM1 通道 2 的输入捕捉中断。开启该中断可以通过调用函数 HAL_TIM_IC_Start_IT()来实现。把它放到 main 函数中,while(1)之前、TIM1 初始化函数 MX_TIM1_Init()之后的注释对中:

```
/* USER CODE BEGIN 2 */
HAL_TIM_IC_Start_IT(&htim1, TIM_CHANNEL_2);
/* USER CODE END 2 */
```

由于要记录两次发生捕捉中断时刻计数器的值,所以需要定义四个变量:存放两次计数值及它们之间的差值的变量,以及一个计数标志用的变量。将这些变量定义为全局变量,放置到 main.c 中的一个注释对中。对这些变量的定义如下:

```
/* USER CODE BEGIN PV */
uint16_t ICValue1 = 0;        //存放第一个计数值
uint16_t ICValue2 = 0;        //存放第二个计数值
uint16_t DiffICValue = 0;     //存放两个计数值之差
uint8_t CaptureIndex = 0;     //计数标志
/* USER CODE END PV */
```

2. 重定义回调函数

按照前面例子的步骤,接下来,就要写输入捕捉中断的回调函数了。定时器输入捕捉中断的回调函数如下:

```
void HAL_TIM_IC_CaptureCallback(TIM_HandleTypeDef * htim)
```

这个函数在 stm32g4xx_hal_tim.c 中是以弱函数的形式被定义的,实际是一个空函数,所以要在 main.c 中重新定义它。

下面给出回调函数的具体实现:

```
/* USER CODE BEGIN 4 */
void HAL_TIM_IC_CaptureCallback(TIM_HandleTypeDef * htim)
{
  if (htim->Channel == HAL_TIM_ACTIVE_CHANNEL_2)
  {
    if (CaptureIndex == 0)
    {
      /* 记录第一个计数值 */
      ICValue1 = HAL_TIM_ReadCapturedValue(htim, TIM_CHANNEL_2);
      CaptureIndex = 1;
    }
    else if (CaptureIndex == 1)
    {
      /* 记录第二个计数值 */
      ICValue2 = HAL_TIM_ReadCapturedValue(htim, TIM_CHANNEL_2);
      /* 计算两次计数值之差 */
      if (ICValue2 > ICValue1)
        DiffICValue = (ICValue2 - ICValue1);
      else if (ICValue2 < ICValue1)
        DiffICValue = ((0xFFFF - ICValue1) + ICValue2) + 1;
        printf("Time = %d ms\r\n", DiffICValue/10);
        CaptureIndex = 0;
    }
  }
}
/* USER CODE END 4 */
```

在上面的回调函数的定义中,后面用了一条用于串口发送的 printf 语句:

```
printf("Time = %d ms\r\n", DiffICValue/10);
```

DiffICValue 是两次计数值之差,而每次计数的时间步长为 $100\ \mu s$,即 0.1 ms,所以计数差值乘以这个时间步长就是所需要的时间值。以 ms 为单位,该时间值为 DiffICValue/10。

3. 配置 printf 函数

由于这里用到了 printf 函数,所以需要添加相关代码。参照前面章节介绍串口的内容,对 main.c 做如下几处修改:

首先,将 stdio.h 包含进来。可以将它放到 main.c 前面的一个注释对中:

```
/* USER CODE BEGIN Includes */
#include "stdio.h"
/* USER CODE END Includes */
```

其次,给出 putchar 函数的定义。可以将它与回调函数 HAL_TIM_IC_CaptureCallback 放到同一注释对中:

```
int __io_putchar(int ch)
```

```
{
    HAL_UART_Transmit(&huart2, (uint8_t *)&ch, 1, 0xFFFF);
    return ch;
}
```

至此,代码的编写就完成了。编译工程并下载到硬件中,将程序运行起来。

4. 查看结果

使用信号发生器输出一路峰峰值为 0～3 V、频率为 1 Hz 的方波信号,占空比设置为 50%。将该信号通过 NUCLEO - G474RE 板的 CN7 端子连接到 PC1 上。

打开串口助手,设置好端口和波特率等参数,可以看到串口助手的显示窗口送出了输入捕捉功能记录的时间值,如图 6.22 所示。

图 6.22　串口助手接收界面

在图 6.22 中,看到送上来的时间是 999～1 000 ms,时间约为 1 s,因为施加的信号为 1 Hz。前面配置输入捕捉通道参数时,选择的是上升沿,所以对 1 Hz 信号来说,两个上升沿之间的时间刚好是 1 s。

调节信号发生器,可以改变方波信号的频率,从而验证结果是否正确。

由于记录的是两个上升沿之间的时间间隔,所以改变方波信号的占空比对结果没有影响。

5. 测量脉冲宽度

如果要测量脉冲宽度或者观察占空比的变化,可以在输入捕捉通道(Input Capute Channel 2)的参数配置中将边沿极性选择(Polarity Selection)参数修改为上升/下降沿(Both Edges),如图 6.23 所示。

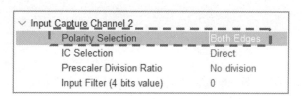

图 6.23 修改输入捕捉极性选择参数

保存文件,重新生成代码。

然后编译、下载,并将程序运行起来。

如果施加的信号还是 1 Hz 的方波,占空比为 50%。查看通过串口送来的数据,发现当前送上来的时间为 500 ms。改变方波的占空比,会看到送上来的时间会随之而变。

不过,当占空比不是 50% 时,这里还存在一个问题,就是第一次记录是从上升沿开始还是从下降沿开始的问题,起始记录的边沿不同,结果也会不一样。

当然,用定时器的输入捕捉功能测量脉冲宽度和频率时,还要结合实际脉冲的情况,在代码上进行有针对性的处理。关于这方面的内容,这里就不进一步介绍了。

习 题

6.1 修改定时器 TIM3 的预分频因子(Prescaler)和计数器周期(Counter Period),改变 LD2 灯的闪烁频率为 1 Hz、0.5 Hz 等,并下载到硬件上进行验证。

6.2 用定时器 TIM3 中断,控制 LD2 灯和蜂鸣器以 9 Hz 频率闪烁、鸣响。

6.3 设置 TIM3 中断频率为较高频率,譬如 1 kHz。配置串口模块 USART2,实现通过串口助手发送数据,控制 LD2 灯的闪烁频率。要求 LD2 灯的闪烁频率与 TIM3 中断有关。

6.4 编程实现:获取按键按下(按键按下状态持续)的时间,并通过串口输出结果。

6.5 用数码管实现秒表计数显示。

第7章 ADC

STM32G4 系列 MCU 的模/数转换器（Analog to Digital Converter,ADC）功能比较强大。不同的型号所含 ADC 模块数量不同,最多有 5 个 ADC（ADC1～5）;但也并非完全独立,其中 ADC1 和 ADC2 是一对,ADC3 和 ADC4 是一对,ADC5 可独立控制。每个 ADC 都包含一个 12 位逐次比较型模/数转换器。此外,每个 ADC 还有最多至 19 个通道,不同的通道具有单次、连续和扫描或断续等采样模式。

下面先从最简单的单通道单次采样开始讲起。

7.1 单通道单次采样

在接下来的第一个例子中,将使用 ADC1 的一个通道以单次采样的模式采集外部输入的直流电压信号。

在硬件实现上,使用 NUCLEO - G474RE 板上的按键 B1 来启动 ADC 采样。每按下一次 B1 键,进行一次 A/D 转换。在代码实现中,将通过查询方式判断是否转换完成;一旦转换完成,主程序会从 ADC 的数据寄存器中读取转换结果,并将结果通过串口送出。此外,当输入信号的幅值大于一定值时,将会点亮板上发光二极管 LD2。这个例子用到了 ADC、串口、输入/输出等多个模块。此外,A/D 转换虽采用查询模式,但对按键状态的识别,将采用中断的方式。

ADC 的输入电压范围是 0～3.3 V,所以要确保外部施加的信号不超过此电压范围,否则可能会导致硬件损坏。

本例中,采用 ADC1 的第一个通道,对应 STM32G474RE 的引脚为 PA0,在 NUCLEO - G474RE 板上通过 CN7 端子的第 28 引脚引出。此外,按键 B1 连接的引脚为 PC13,LD2 的控制引脚为 PA5。

7.1.1 建立新工程

参照前面章节的例子,从建立新的工程开始。

在建立工程的步骤中,选择目标器件 STM32G474RET6,并为工程起名为 ex_adc_single_ch7,然后继续,直至工程建立完成。

1. 配置 GPIO

在硬件配置界面 ex_adc_single_ch7.ioc 中,配置 PA5 为输出（GPIO_Output）,配置 PC13 为中断模式（GPIO_EXTI13）。

在工程主界面中,单击位于中部的 System Core,从展开的列表中选择 GPIO,右侧将会出现 GPIO 模式和配置界面,选中 PA5,按如下参数进行配置:默认输出电平 Low;推挽输出;上拉;速度为 High;用户标识为 LED。

在 NUCLEO‐G474RE 板的硬件上,PA5 引脚输出高电平时发光二极管 LD2 点亮,低电平时熄灭。如果将 PA5 的默认输出电平设置为 Low,那么在初始状态下 LD2 是熄灭的。

然后选择 PC13,配置其参数为:上升沿触发;下拉;用户标识为 KEY。

2. 配置中断

由于要用到 GPIO 中断,所以需要配置 System Core 中的 NVIC。

打开工程主界面中 System Core 下的 NVIC,在 NVIC 中断表中,将 EXTI line[15:10] interrupts 使能,并将其抢占式优先级设为 2(由于仅用到一个中断,级数选择可任意)。

3. 配置串口

在硬件配置界面中,选择 Connectivity 中的 USART2,其模式(Mode)选择异步(Asynchronous),其他参数设置均保持默认(波特率为 115 200 bit/s),不开启中断。将 USART2 的两个引脚 PA2 和 PA3 均设置为上拉(Pull‐up)。

4. 配置 ADC

在硬件配置界面中,选择 Analog 中的 ADC1,在其模式(Mode)区,通道 1(IN1)选择 IN1 Single‐ended(单端);在下面的配置(Configuration)区,参数设置可暂时均保持默认值,如图 7.1 所示。

在图 7.1 中,时钟预分频参数(Clock Prescaler)选择 Asynchronous clock mode divided by 1(其他选项亦可)。

5. 选择时钟源和 Debug 模式

打开 System Core 中的 RCC,在其右侧页面中,高速外部时钟(HSE)选择 Crystal/Ceramic Resonator,使用片外时钟晶体作为 HSE 的时钟源。最后,在 SYS 中将 Debug 设置为 Serial Wire。

6. 配置系统时钟和 ADC 时钟

随后,在 Clock Configuration 中将系统时钟(SYSCLK)频率配置为 170 MHz。

不过,由于本例用到了 ADC,所以需要配置 ADC 的时钟,在 STM32G474RE 的说明文档中,给出了其 ADC 时钟频率的范围,如表 7.1 所列。

表 7.1　ADC 的时钟频率范围

符　号	参　数	条　件	最小值	最大值
f_{ADC}/MHz	ADC 的时钟频率	Range1,单路 ADC 操作	0.14	60
		Range2	—	26
		Range1,所有 ADCs 操作,单端模式 $V_{DDA} \geqslant 2.7$ V	0.14	52
		Range1,所有 ADCs 操作,单端模式 $V_{DDA} \geqslant 1.62$ V	0.14	42
		Range1,单路 ADC 操作,差分模式 $V_{DDA} \geqslant 1.62$ V	0.14	56

图 7.1　ADC1 参数的配置

从表 7.1 中可以看出,ADC 的最大频率为 60 MHz,而系统最高频率为 170 MHz,因此,如果系统频率配置较高,生成 ADC 时钟频率时就需要分频处理。表 7.1 中的 Range 1 和 Range 2 是 STM32G474 的两种电压模式。Range 2 主要用于低功耗模式,所以支持的最高系统频率较低,相应的 ADC 的时钟频率也低,表 7.1 中给出的最大频率是 26 MHz。

在本例中,没有使用低功耗模式,并且是让 ADC 进行单次采样的,所以最高时钟频率可以达到 60 MHz。为了可靠起见,本例中配置 ADC 的时钟频率为 34 MHz。ADC 时钟的配置信息如图 7.2 所示。

7. 关于采样频率的问题

此外,这里再补充一下关于 ADC 的采样频率与 ADC 时钟频率的关系。

如果采样频率用符号 f_s 表示,ADC 的时钟频率用 f_{ADC} 表示,则在连续采样模式(continuous mode)下,它们之间的关系可以表示为

$$f_s = \frac{f_{ADC}}{\text{采样时间(周期)} + \text{分辨率(位)} + 0.5} \quad \text{(MHz)} \quad (7-1)$$

式中:采样时间是指某个 A/D 通道的转换时间,单位是 ADC 时钟的周期数;分辨率通常以二

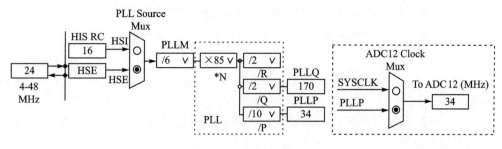

图 7.2　配置 ADC 时钟

进制位数表示,指 ADC 对输入信号的分辨能力(n 位 ADC,能区分输入电压的最小差异为:满量程输入的 $1/2^n$)。STM32G474 中,ADC 是 12 位的,这只是可达到的最高分辨率,如果采样频率要求很高,也可以降低位数来使用。当分辨率为 12 位时,如果采样时间为 2.5 个 ADC 时钟周期,f_{ADC} 为 60 MHz,则采样频率为 $60×10^6/(2.5+12+0.5)=4$(MHz)。

当 ADC 的分辨率为 12 位时,转换时间 $T_{conv}=$ 采样时间 $+12+0.5$,单位为 ADC 的时钟周期。采样时间可配置为 2.5、6.5、12.5、24.5、47.5、92.5、247.5 和 640.5(ADC 时钟周期)。

至此,硬件配置就完成了。保存 ex_adc_single_ch7.ioc 文件,启动代码自动生成。

7.1.2　代码修改

打开 main.c,修改代码。

1. 重定义外部中断的回调函数

由于希望在产生按键中断时,启动 ADC 采样,所以,需要定义外部中断 EXTI 的回调函数。这个回调函数可以写在 main.c 文件后面的一个注释对中。这里直接给出它的定义:

```
void HAL_GPIO_EXTI_Callback(uint16_t GPIO_Pin)
{
  HAL_ADC_Start(&hadc1);
  HAL_ADC_PollForConversion(&hadc1, 10);
  ADC1ConvertedValue = HAL_ADC_GetValue(&hadc1);
  if (ADC1ConvertedValue > 2048)
    HAL_GPIO_WritePin(LED_GPIO_Port, LED_Pin, GPIO_PIN_SET);
  else
    HAL_GPIO_WritePin(LED_GPIO_Port, LED_Pin, GPIO_PIN_RESET);
  printf("ADCResult = %d \r\n", ADC1ConvertedValue);
}
```

2. 启动 ADC

在上面的回调函数中调用了三个 ADC 相关的库函数。

首先是启动 ADC,用了库函数 HAL_ADC_Start(ADC_HandleTypeDef * hadc)。此函数只有一个参数,就是 ADC 结构体变量。由于在硬件配置中用了 ADC1,所以自动生成的代码中已经给出了它的结构体变量,即 hadc1。这里直接使用即可。

调用的第二个库函数是:

```
HAL_ADC_PollForConversion(ADC_HandleTypeDef * hadc, uint32_t Timeout);
```

这个函数是以查询方式等待 A/D 转换过程的结束。该函数的第二个参数是 Timeout,单位为 ms。

随后,就可以调用库函数 HAL_ADC_GetValue(ADC_HandleTypeDef * hadc)来读取 A/D 转换的结果了。

这里用了一个变量 ADC1ConvertedValue 来存放 A/D 转换的结果。需要在 main.c 中定义该变量,可以将其放到 main 函数前的注释对中:

```
/* USER CODE BEGIN PV */
uint16_t ADC1ConvertedValue = 0;
/* USER CODE END PV */
```

接下来,在回调函数 HAL_GPIO_EXTI_Callback()中根据 A/D 采样值的大小控制发光二极管的亮灭。

3. 配置 printf 函数

在回调函数的最后,使用了 printf 函数,将 A/D 转换的结果通过串口送出。

根据前面章节的介绍,要使用 printf 函数从串口送出数据,需要在 main.c 中将 stdio.h 包含进来;此外,还要给出 putchar 函数的定义。具体代码实现可以参考 5.3.2 小节的内容。

至此,代码的编写就完成了。编译工程并下载到硬件中,将程序运行起来。

4. 查看结果

打开串口助手程序,设置好串口端口和波特率等参数,单击"打开串口"。

按下 NUCLEO - G474RE 板上的 B1 键,会看到串口助手的数据接收栏会有数据送来,但每次送的数据不同。这是因为还没有给 ADC1 的输入引脚施加信号,它是浮空的。浮空时测量的信号通常不为 0,是一个不确定的值。可以分别用跳线将 PA0 连接到 GND 和 VDD(3.3 V)上,并操作 B1 键;可以看到,连接到 GND 时送的是 0,连接到 VDD 时会送来一个接近 4 095 的数,如图 7.3 所示。

STM32G474RE 上的 ADC 是 12 位的,输入电压 3.3 V 时,理论上对应最大转换值为 4 095。在将 PA0 连接到 VDD 上时,为什么 ADC 的转换结果不是 4 095 呢?

实际上,这是因为板上的 VDD 并不是稳定的 3.3 V,而是会有偏差的。大致分析如下:对于 12 位 ADC,如果满量程输入电压为 3.3 V,则转换结果的每一位对应的电压为 3.3/4 096 V,约为 0.000 8 V,即 0.8 mV。从图 7.3 中的结果看,偏差了几十 mV(不同的板子,偏差可能会有所不同)。

5. 另一种实现方式

在上面的实现中,把启动 ADC、查询转换是否完成、读取 A/D 转换结果等操作放到了按键 B1 中断的回调函数中。实际上,也可以将这些操作放到 main 函数的 while(1)循环中。修改代码如下:

```
/* Infinite loop */
while (1)
{
```

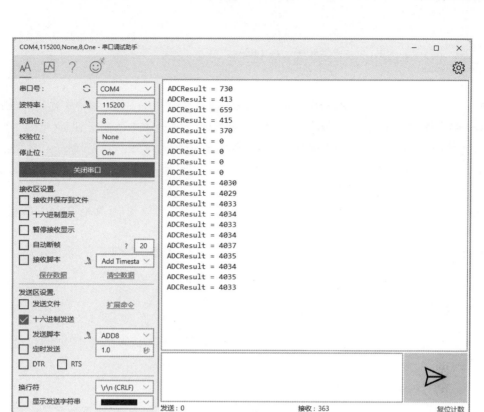

图 7.3　ADC 转换结果

```
/* USER CODE BEGIN 3 */
HAL_ADC_Start(&hadc1);
HAL_ADC_PollForConversion(&hadc1, 10);
ADC1ConvertedValue = HAL_ADC_GetValue(&hadc1);
printf("ADCResult = %d \r\n", ADC1ConvertedValue);
if (ADC1ConvertedValue > 2048)
  HAL_GPIO_WritePin(LED_GPIO_Port, LED_Pin, GPIO_PIN_SET);
else
  HAL_GPIO_WritePin(LED_GPIO_Port, LED_Pin, GPIO_PIN_RESET);
HAL_Delay(500);
}
/* USER CODE END 3 */
```

在上面的代码的最后,增加了一个 500 ms 延时的语句 HAL_Delay(500)。由于 while(1) 中的语句是高速循环运行的,如果不加延时,就会通过串口频繁送数。

由于 NUCLEO - G474RE 板在硬件上没有可调节的电压源,所以只能通过外部信号发生器施加信号,进行测试。当然,还可以用 STM32G474RE 上的 DAC 产生模拟信号。关于如何使用 DAC 将会在下章介绍。

7.2 ADC 的连续工作模式

在上面的例子中,当每次操作按键 B1 后,都要重复进行启动 ADC、等待转换,然后读取转换结果这些步骤。为什么每次都这么处理呢?这是因为,在 ADC1 的配置界面(见图 7.1)中,ADC 设置(ADC_Settings)列表中的连续转换模式(Continuous Conversion Mode)参数在默认时是被禁止(Disabled)的。此时 ADC 为单次转换模式,即 ADC 只会进行一次转换,所以在每次读取 A/D 转换结果前需要先启动转换。

实际应用中,很多时候是让 ADC 连续进行采样。此时,可以使能 ADC 的连续转换模式,在此转换模式下,ADC 完成一次转换后会开始新的转换。

下面结合实例介绍 ADC 连续转换模式的使用过程。下面这个例子中,将使用 ADC 的中断功能来保存 A/D 采样值。

7.2.1 建立新工程

参照前面的例子,建立新的工程。在工程建立的步骤中,选择目标器件 STM32G474RET6,并为工程起名为 ex_adc_con_ch7,然后继续,直至工程建立完成。

1. 选择时钟源和 Debug 模式

打开 System Core 中的 RCC,在其右侧页面,将高速外部时钟(HSE)设置为 Crystal/Ceramic Resonator,使用片外时钟晶体作为 HSE 的时钟源。最后,在 SYS 中将 Debug 设置为 Serial Wire。

2. 配置系统时钟和 ADC 时钟

随后,在 Clock Configuration 中将系统时钟(SYSCLK)频率配置为 170 MHz,并设置 ADC1 的时钟为 42.5 MHz(PLL/P 栏选择为/8)。

3. 配置串口

在硬件配置界面中,打开 Connectivity→USART2,其模式(Mode)选择异步(Asynchronous),其他参数设置均保持默认(波特率 115 200),不开启中断。将 USART2 的两个引脚 PA2 和 PA3 均设置为上拉(Pull-up)。

4. 配置 ADC

在硬件配置界面 ex_adc_con_ch7.ioc 中打开 Analog→ADC1,在其模式(Mode)区,通道 1 (IN1)选择 IN1 Single-ended;在下面的配置(Configuration)区,对几个参数进行调整,如图 7.4 所示。

首先,在 ADC 设置(ADC_Settings)参数栏中,ADC 的时钟预分频参数(Clock Prescaler)选择 Asynchronous clock mode divided by 256,该参数是将 ADC 的时钟分频 256 倍。当然,这个参数也可以选其他值,它与 ADC 的采样频率有关。

其次,将 ADC 设置(ADC_Settings)参数栏中的连续转换模式(Continuous Conversion Mode)选择为 Enable,即将该模式使能。

最后,在 ADC 规则转换模式(ADC_Regular_Conversion Mode)参数栏中,将位于 Rank

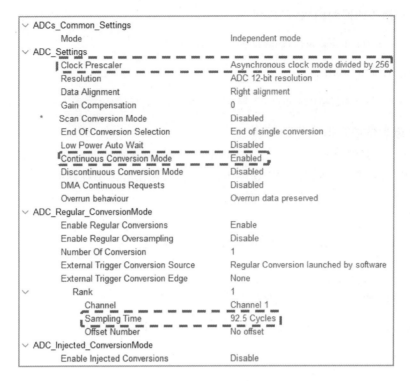

图 7.4　配置 ADC 参数

下的采样时间选择为 92.5 个周期。前面提到过,这个参数决定着 ADC 的转换时间。如果选择 92.5 个周期,则在 12 位分辨率时 ADC 的转换时间为:92.5＋12＋0.5＝105 个周期。这里的"周期"是指 ADC 的时钟周期。

根据公式(7-1),可以得到在上面的配置参数下 ADC1 的采样频率:

$$f_s = \frac{f_{ADC}}{\text{采样时间(周期)} + \text{精度(位)} + 0.5} = \frac{42.5\ \text{MHz}}{256 \times 105} \approx 1.58\ \text{kHz}$$

随后,打开 ADC 配置界面中的 NVIC 设置(NVIC Settings),使能 ADC1 的中断(ADC1 and AD2 global interrupt,ADC1 与 ADC2 共用一个中断类型)。

5. 配置中断

将 ADC1 中断的优先级设为 1。本例中,要将 ADC 的优先级设置得比串口的优先级高。此外,由于将会用到 HAL_Delay 函数,所以将 tick timer 中断的抢占式优先级设为 0。

至此,硬件配置就完成了。保存 ex_adc_con_ch7.ioc 文件,启动代码自动生成。

7.2.2　代码修改

打开 main.c,修改代码。

1. ADC 的回调函数与启动函数

在前面章节中介绍了外部中断、串口中断、定时器中断等的使用方法,其实关于 ADC 中断的使用,与它们也是类似的。关键点有两个:一是重写回调函数,二是在主程序初始化时开启中断。

ADC 中断相关的回调函数可以用：

```
HAL_ADC_ConvCpltCallback(ADC_HandleTypeDef * hadc);
```

启动 ADC 中断的库函数为

```
HAL_ADC_Start_IT(ADC_HandleTypeDef * hadc);
```

2. 定义用于存储转换结果的数组

首先定义一个数组，用于存储 A/D 转换结果。每执行一次回调函数，就将此次 A/D 转换结果存入数组，直到存满。随后，在主程序中，通过串口送出数组中存储的数据。

为此，需要在主程序中定义几个变量（放到注释对中）：

```
/* USER CODE BEGIN PV */
uint16_t ADC1ConvertedData[ADC_CONVERTED_DATA_BUFFER_SIZE] = {0};
uint16_t ADC1Data_index = 0;
uint8_t ADCSampleFlag = 0;
/* USER CODE END PV */
```

其中，数组长度 ADC_CONVERTED_DATA_BUFFER_SIZE 可以定义到 main.h 中：

```
/* USER CODE BEGIN Private defines */
#define ADC_CONVERTED_DATA_BUFFER_SIZE (uint16_t) 65
/* USER CODE END Private defines */
```

这里，先设定为 65。

3. 重定义回调函数

在 main.c 中定义回调函数 HAL_ADC_ConvCpltCallback()：

```
/* USER CODE BEGIN 4 */
void HAL_ADC_ConvCpltCallback(ADC_HandleTypeDef * hadc)
{
  ADC1ConvertedData[ADC1Data_index] = HAL_ADC_GetValue(&hadc1);
  if (ADCSampleFlag == 0)
      ADC1Data_index++;
  if (ADC1Data_index == ADC_CONVERTED_DATA_BUFFER_SIZE)
  {
    ADCSampleFlag = 1;
    ADC1Data_index = 0;
  }
}
/* USER CODE END 4 */
```

4. 在主程序中编写发送数据代码

在上面的代码中，用了一个标志位变量 ADCSampleFlag：当数组存满后，该标志位置 1，等待串口发送数组中的数据；一旦数据发送完毕，再将该变量赋值为 0，继续更新数组中数据。将数据发送代码放到 main 函数中的 while(1) 循环中，实现代码如下：

```
while (1)
{
  /* USER CODE BEGIN 3 */
  if (ADCSampleFlag == 1)
  {
    for(uint16_t i = 1; i < ADC_CONVERTED_DATA_BUFFER_SIZE; i++)
    {
      printf("ADC1ConvertedData[%d] = %d\r\n", i, ADC1ConvertedData[i]);
    }
    ADCSampleFlag = 0;
  }
  HAL_Delay(1000);
}
/* USER CODE END 3 */
```

5. 校验 ADC 与使能 ADC 中断

随后,还要在主程序初始化代码中使能 ADC 中断。

将 HAL_ADC_Start_IT()函数与 HAL_ADCEx_Calibration_Start()函数放到 while(1)之前,MX_ADC1_Init()之后的注释对中:

```
/* USER CODE BEGIN 2 */
  HAL_ADCEx_Calibration_Start(&hadc1, ADC_SINGLE_ENDED);
  HAL_ADC_Start_IT(&hadc1);
/* USER CODE END 2 */
```

6. 配置 printf 函数

当然,由于上述代码中使用了 printf 函数通过串口发送数据,所以还要在代码中加入头文件 stdio.h,定义 putchar 函数。具体配置方式可参考前面的例子。

7. 查看结果

编译工程并下载代码到硬件中,将程序运行起来。

施加信号到 ADC 输入端 PA0 上,信号频率可设置为 50 Hz,峰峰值为 0～3 V。打开串口助手,可以收到送来的数据:

```
ADC1ConvertedData[1] = 1600
ADC1ConvertedData[2] = 1732
……
ADC1ConvertedData[64] = 2094
```

每次会送来 64 个 A/D 转换结果。

虽然上面用的串口助手无法看波形,但从送来的结果中也可以大致看出数据的变化。如果要看波形,也可以将这些数据导入 Excel 等软件中,画出波形图。

8. 如何实测 ADC 采样频率

根据前面配置的 ADC 及时钟参数,计算得到 ADC 的采样频率约为 1.58 kHz,具体是多少呢? 是否可以通过实际测量进行验证呢?

这里介绍一种简单的方式。不过,需要另外配置一个 I/O(输出),譬如 PC3,可以在回调函数 HAL_ADC_ConvCpltCallback()中加入控制 PC3 输出状态的语句,通过示波器测量就可以得到实际的采样频率了。

譬如,可以在 ADC 的回调函数中加入如下语句:

```
HAL_GPIO_TogglePin(GPIOC, GPIO_PIN_3);
```

此时通过 PC3 测得的信号频率就是采样频率的一半。

7.3　用定时器控制 ADC 采样

在上面的例子中,通过使能 AD 配置参数中的连续转换模式(Continuous Conversion Mode),并结合 ADC 中断,实现了连续采样。但这种方式有个缺点,就是无法灵活配置 ADC 的采样频率。

上例中,ADC 的采样频率约为 1.58 kHz,此频率是通过设置 ADC 的时钟频率和采样时间得到的。实际中,有时希望 ADC 以给定的采样频率转换数据,譬如 1 kHz。在这种情况下,靠配置 ADC 时钟频率和采样时间的方法就非常不方便。此时,该怎么办呢? 是否可以采用前面介绍的定时器呢? 下面就通过具体例子看一下如何使用定时器来控制 ADC 连续采样。

7.3.1　建立新工程

参照前面的例子,建立新的工程。在工程建立的步骤中,选择目标器件 STM32G474RET6,并为工程起名为 ex_adc_con_tim_ch7,然后继续,直至工程建立完成。

1. 选择时钟源和 Debug 模式

打开 System Core 中的 RCC,在其右侧页面,将高速外部时钟(HSE)设置为 Crystal/Ceramic Resonator,使用片外时钟晶体作为 HSE 的时钟源。最后,在 SYS 中将 Debug 设置为 Serial Wire。

2. 配置系统时钟和 ADC 时钟

随后,在 Clock Configuration 中将系统时钟(SYSCLK)频率配置为 170 MHz,并设置 ADC1 的时钟为 34 MHz。

3. 配置串口

在硬件配置界面中,打开 Connectivity 中的 USART2,其模式(Mode)选择异步(Asynchronous),其他参数设置均保持默认(波特率为 115 200),不开启中断。将 USART2 的两个引脚 PA2 和 PA3 均设置为上拉(Pull-up)。

4. 配置 ADC

在硬件配置界面 ex_adc_con_tim_ch7.ioc 中打开 Analog→ADC1,在其模式(Mode)区,通道 1(IN1)选择 IN1 Single-ended;在下面的配置(Configuration)区,对几个参数进行调整,如图 7.5 所示。

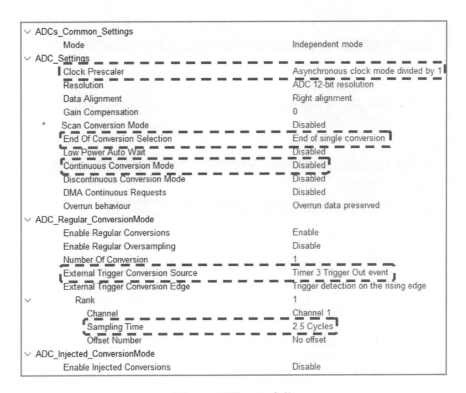

图 7.5　配置 ADC 参数

① 在 ADC 设置(ADC_Settings)参数栏中，ADC 的时钟预分频参数(Clock Prescaler)选择 Asynchronous clock mode divided by 1，也就是不分频(前面的例子是分频 256 倍，目的是想得到所需要的采样频率)。本例将用定时器实现对采样频率的控制，所以 ADC 的时钟可以不用进行分频处理。

② 将 ADC 设置(ADC_Settings)参数栏中连续转换模式(Continuous Conversion Mode)设置为 Disabled，即不使能，因为本例中 ADC 采样频率要通过定时器来控制。

③ 转换结束选择(End Of Conversion Selection)参数仍保持单次转换结束(End of single conversion)；除了此选项外，还可以选择序列转换结束(End of sequence conversion)。由于目前只使用了一个 ADC 通道，所以选择哪一个对结果没有影响。

④ 在 ADC 规则转换模式(ADC_Regular_Conversion Mode)栏中，外部触发转换源(External Trigger Conversion Source)选择 Timer 3 Trigger Out event，使用 TIM3 的触发输出作为 ADC 的触发源。该参数的选项有很多，大都为定时器相关的事件。在前面的例子中，用的是默认选项，即软件触发(Regular Conversion launched by software)。

⑤ 位于 Rank 下的采样时间选择 2.5 个周期。前面提到过，这个参数决定着 ADC 的转换时间。如果选择 2.5 个周期，则在 12 位分辨率时 ADC 的转换时间为 2.5＋12＋0.5＝15 个周期。

⑥ 打开 ADC 配置界面中的 NVIC 设置(NVIC Settings)，使能 ADC1 的中断(ADC1 and AD2 global interrupt，ADC1 与 ADC2 共用一个中断类型)。

最后，在硬件配置界面 ex_adc_con_tim_ch7.ioc 中选择 Timers，打开 TIM3，按图 7.6 所示进行配置。

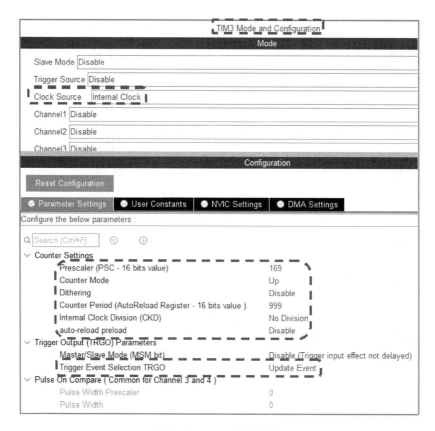

图 7.6　TIM3 参数配置

图 7.6 中，TIM3 的模式（Mode）区，选择时钟源（Clock Source）为内部时钟（Internal Clock）；在下面的配置区，计数器的预分频因子设置为 169，则定时器的时钟频率为系统频率的 1/170，如果系统频率为 170 MHz，则定时器的时钟频率为 1 MHz；计数器的周期设置为 999，则计数器的溢出频率为 1 MHz/1 000＝1 kHz。随后，在 Trigger Output 参数栏中将触发事件设置为更新事件（Update Event）。

5．配置中断

打开 System Core 中的 NVIC，将 ADC1 中断的优先级设为 1。由于仅用此一个中断，所以优先级可用默认值 0。此外，由于将会用到 HAL_Delay 函数，所以要将 tick timer 中断的抢占式优先级设为 0。

至此，硬件配置就完成了。保存 ex_adc_con_tim_ch7.ioc 文件，启动代码自动生成。

7.3.2　代码修改

打开 main.c，修改代码。

1．重新定义 ADC 回调函数

参照上面的例子，在主程序中重写回调函数 HAL_ADC_ConvCpltCallback() 和串口发送数据的 putchar 函数，并且将它们放到 main.c 的注释对中：

```
/* USER CODE BEGIN 4 */
void HAL_ADC_ConvCpltCallback(ADC_HandleTypeDef *hadc)
{
    ADC1ConvertedData[ADC1Data_index] = HAL_ADC_GetValue(&hadc1);
    if(ADCSampleFlag == 0)
        ADC1Data_index++;
        if(ADC1Data_index == ADC_CONVERTED_DATA_BUFFER_SIZE)
        {
            ADCSampleFlag = 1;
            ADC1Data_index = 0;
        }
}
int __io_putchar(int ch)
{
    HAL_UART_Transmit(&huart2, (uint8_t *)&ch, 1, 0xFFFF);
    return ch;
}
/* USER CODE END 4 */
```

2. 在主程序中编写数据发送代码

将数据发送代码放置到 main 函数的 while(1)循环中。

```
while(1)
{
    /* USER CODE BEGIN 3 */
    if(ADCSampleFlag == 1)
    {
        for(uint16_t i = 1; i < ADC_CONVERTED_DATA_BUFFER_SIZE; i++)
        {
            printf("ADC1ConvertedData[%d] = %d\r\n", i, ADC1ConvertedData[i]);
        }
        ADCSampleFlag = 0;
    }
    HAL_Delay(1000);
}
/* USER CODE END 3 */
```

上述函数中用到的变量需要定义。仍然是将它们定义为全局变量,放到主程序中的注释对中:

```
/* USER CODE BEGIN PV */
uint16_t ADC1ConvertedData[ADC_CONVERTED_DATA_BUFFER_SIZE];
uint16_t ADC1Data_index = 0;
uint8_t ADCSampleFlag = 0;
/* USER CODE END PV */
```

其中,数组长度 ADC_CONVERTED_DATA_BUFFER_SIZE 可以定义到 main.h 中:

```
/ * USER CODE BEGIN Private defines * /
# define ADC_CONVERTED_DATA_BUFFER_SIZE (uint16_t) 65
/ * USER CODE END Private defines * /
```

同时,在 main.c 中,包含头文件 stdio.h:

```
/ * USER CODE BEGIN Includes * /
# include "stdio.h"
/ * USER CODE END Includes * /
```

3. 校验 ADC、使能 ADC 中断和开启定时器

最后,在主程序初始化代码中使能 ADC 中断,并开启定时器 TIM3。将 HAL_ADC_Start_IT()、HAL_ADCEx_Calibration_Start()和 HAL_TIM_Base_Start()放到 while(1)之前、MX_ADC1_Init()之后的注释对中:

```
/ * USER CODE BEGIN 2 * /
  HAL_ADCEx_Calibration_Start(&hadc1, ADC_SINGLE_ENDED);
  HAL_ADC_Start_IT(&hadc1);
  HAL_TIM_Base_Start(&htim3);
/ * USER CODE END 2 * /
```

至此,软件修改完毕,可以编译工程并下载代码到硬件中,将程序运行起来。

4. 查看结果

施加信号到 ADC 输入端 PA0 上,打开串口助手即可收到送上来的数据。结果与上一节中的例子类似。

为了实测 ADC 的采样频率,同样可以配置 PC3 作为输出引脚,在回调函数 HAL_ADC_ConvCpltCallback()中加入控制 PC3 输出状态的语句,并通过示波器测量 PC3 引脚的输出波形,此时的采样频率应为 1 kHz。

7.4　用 Simulink 看波形

下面介绍一种查看 A/D 采样波形的方法。该方法要用到 MATLAB 中的 Simulink。

7.4.1　建立 Simulink 模型

打开 MATLAB,运行 Simulink,在其中建立模型,如图 7.7 所示。

这个模型中要用到 Serial Configuration,Serial Receive、Transpose、Unbuffer 和 Time Scope 几个模块。

1. 配置 Serial Configuration 模块

双击 Serial Configuration,按图 7.8 所示进行配置。

选定串口号,该串口号要与 NECLEO - G474RE 板的虚拟串口在 Windows 中分配的串口号一致。

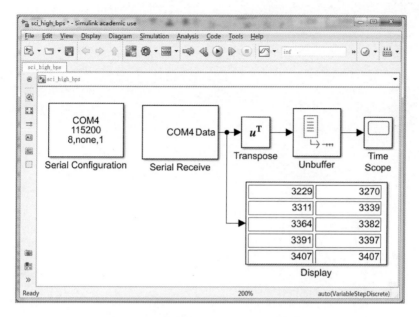

图 7.7　通过串口看波形的 Simulink 模型

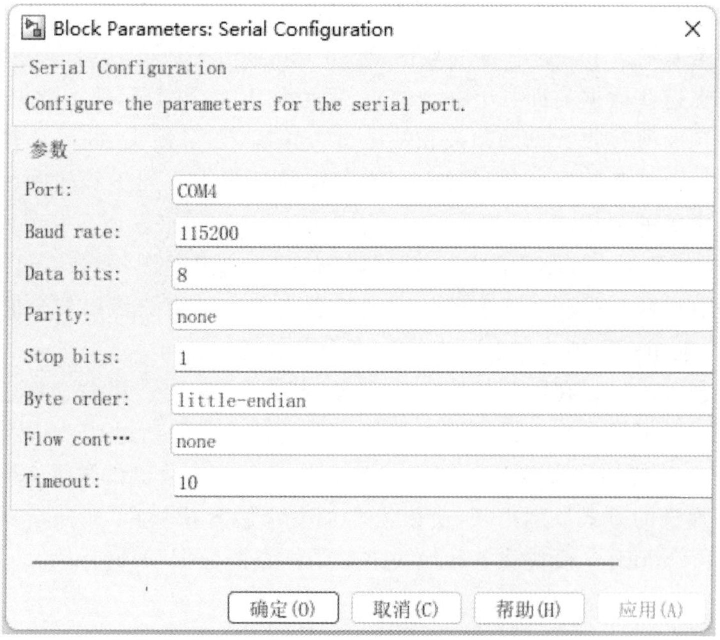

图 7.8　Serial Configuration 配置界面

2. 配置 Serial Receive 模块

双击 Serial Receive 模块，按图 7.9 所示进行设置。

第一个可选项是串口端口号，选择 NUCLEO‑G474RE 板在计算机上分配的串口号。接下来，Header 和 Terminator 分别是数据的帧头、帧尾。

图 7.9　Serial Receive 配置界面

　　如果 MCU 连续发送了一定长度的数据,譬如 120 字节的数据,那么这些数据可以组成一个数据帧。如果在这些数据前面加上一个帧头,后面加上一个帧尾,那么数据接收侧在接收数据时就可以首先判断所接收数据的帧头和帧尾是否正确:如果帧头、帧尾正确,则判断该帧数据有效。这样就可以避免数据接收过程中可能出现的干扰或不同步等问题。当然,如果发送方每次只发送 1 字节的数据,则可以不用帧头、帧尾。不过,如果发送 2 字节的数据,譬如现在发送的 ADC 采样值数据,如果不用帧头、帧尾,就有可能会出问题;因为有可能串口接收到的是一个 16 位数据(由收到的相邻 2 字节的数据组合而成),其中的 2 字节分属不同的采样点。为了简单起见,这里先不用帧头、帧尾,保持这两个参数为空即可。

　　数据类型选择 uint16。在数据长度(Data size)栏包括两个数:第一个数表示有几组数据,第二个数表示每组数据的长度。由于当前的例子中只有一路数据送来,所以第一个数写 1,第二个数设置为 60。采样时间设置为 0.06 s。Serial Receive 接收到的数据实际是一个列向量,要将数据按时间递进的方式显示出来,所以需要加一个转置模块(Transpose);转置以后得到的是行向量,再用 Unbuffer 模块将其转换为类似采样点的数据(时间序列)。

7.4.2　代码修改

　　在具体测试之前,还需要修改一下 MCU 中的代码。

1. 修改回调函数

```
void HAL_ADC_ConvCpltCallback(ADC_HandleTypeDef * hadc)
{
    ADC1ConvertedValue = HAL_ADC_GetValue(&hadc1);
```

```
HAL_UART_Transmit(&huart2,(uint8_t *)&ADC1ConvertedValue,2,0xFFFF);
}
```

该函数实现的功能是:直接将 A/D 转换值通过串口发送出来。注意,在 HAL_UART_Transmit()函数中,将发送的字节数改为 2,也就是说,A/D 完成一次转换就发送一个采样值。因为采样值需要占 2 字节,所以串口发送函数中配置的参数为 2。由于采样频率为 1 kHz,所以每间隔 1 ms 就会发送一个采样值(即 2 字节)数据。在上面的代码中,将 ADC 转换的值赋给了变量 ADC1ConvertedValue,所以该变量需要声明,可将它放到 main 函数前面的注释对中(原声明变量既可保留,也可删除):

```
/* USER CODE BEGIN PV */
//uint16_t ADC1ConvertedData[ADC_CONVERTED_DATA_BUFFER_SIZE] = {0};
//uint16_t ADC1Data_index = 0;
//uint8_t ADCSampleFlag = 0;
uint16_t ADC1ConvertedValue = 0;
/* USER CODE END PV */
```

此外,注释掉 while(1)循环中的代码,让主程序什么都不做。

编译并下载程序,将程序运行起来。

2. 查看结果

给 MCU 的 PA0 引脚施加一个 50 Hz 的正弦信号,峰峰值在 0~3 V 之间。

运行图 7.7 中的 Simulink 模型,就会看到 Time Scope 上显示的波形,如图 7.10 所示。

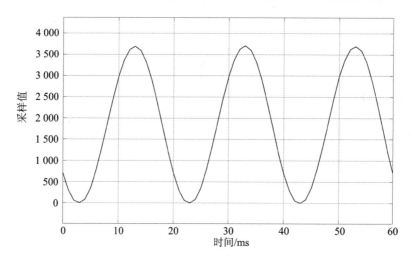

图 7.10 串口发送波形

所施加的信号频率为 50 Hz,每个周期是 20 ms。图 7.10 中显示的时长为 60 ms,刚好是 3 个周期。

在图 7.9 中配置 SCI 的接收模块时,设置了串口每 60 ms 采样 60 个点(实际就是 1 ms 取一个发送来的 ADC 采样值)。Simulink 串口接收模块的采样时间最好大于 1 ms,如果串口采样时间太短,计算机操作系统可能无法及时响应,所显示的波形会有断续的现象。

上面用定时器作为 ADC 的触发源,在 ADC 的中断服务函数中对采样值进行处理。这个处理过程是需要 CPU 参与的,也就是说,CPU 如果同时还在做其他任务(响应其他高优先级中断),就有可能与 ADC 采样过程相互干扰。此时,A/D 采样有可能不是很规则的等间隔采样。

7.5 用 DMA 实现 ADC 数据传送

除了前面介绍的方法以外,还有实现 A/D 采样更好的方法吗? 有,就是采用 DMA (Direct Memory Access,直接存储器访问)控制器。采用这种方式时,一旦配置好 ADC 参数及所使用的 DMA 通道,DMA 控制器就会自动将 A/D 转换结果送至指定的存储器空间中(数组)。在使用 A/D 转换数据时,只需要在主程序中读取相应的数组变量就可以了,无需再调用 HAL_ADC_GetValue()等函数来获取 A/D 转换结果。

采用 DMA 的方式可以不占用 CPU 的资源,直接由 DMA 控制器来实现外设(或存储器)与存储器之间的数据交互。所以,这种方式在实际中是比较实用的,并且可以极大地提高 CPU 的工作效率。下面结合实例介绍用 DMA 实现 ADC 采样的方法。

7.5.1 建立新工程

参照前面的例子建立新的工程。在工程建立的步骤中,选择目标器件 STM32G474RET6,并为工程起名为 ex_adc_con_tim_dma_ch7,然后继续,直至工程建立完成。

1. 配置串口

在硬件配置界面中打开 Connectivity → USART2,其模式(Mode)选择异步(Asynchronous),其他参数设置均保持默认(波特率为 115 200),不开启中断。将 USART2 的两个引脚 PA2 和 PA3 均设置为上拉(Pull-up)。

2. 配置 ADC

在硬件配置界面 ex_adc_con_tim_dma_ch7.ioc 中打开 Analog→ADC1,在其模式(Mode)区中,通道 1(IN1)选择 IN1 Single-ended;在下面的配置(Configuration)区中,需要对几个参数进行调整,如图 7.11 所示。

首先,在 ADC 设置(ADC_Settings)参数栏,依然可以不对 ADC 的时钟进行分频,还将预分频参数(Clock Prescaler)选择为 Asynchronous clock mode divided by 1。本例中,还用定时器实现对采样频率的控制。随后,依然将 ADC 设置(ADC_Settings)参数栏中连续转换模式(Continuous Conversion Mode)设置为 Disabled,即不使能。不过,由于要用 DMA,所以需要使能 DMA 连续请求(DAM Continuous Requests)参数。但是此时,选项栏内无法选择 Enable。这是为什么呢? 因为还没有配置 ADC 的 DMA 请求。

3. 配置 DMA

打开图 7.11 中的 DMA 设置(DMA Settings)选项卡,先添加一个 ADC1 的 DMA 请求,如图 7.12 所示。

图 7.12 中 DMA 有多个可选通道,这里随便选择一个即可(共有两个 DMA,每个都有

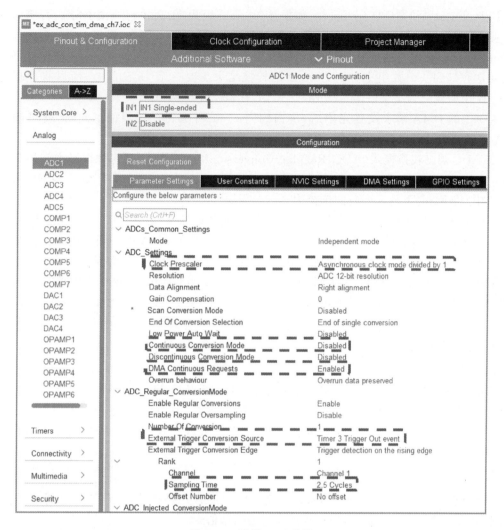

图 7.11　配置 ADC 参数

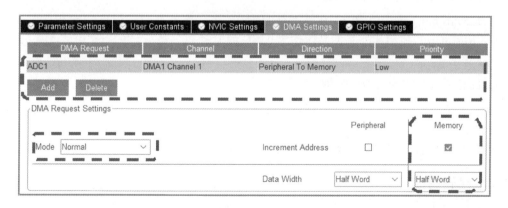

图 7.12　添加 ADC1 的 DMA 请求

8 个通道)。此外,优先级有四级,从低(Low)到很高(Very High),可以先保持默认值 Low。
在图 7.12 中的 DMA 请求设置(DMA Request Settings)栏,可以设置 DMA 的模式;模式有两种:常规(Normal)和循环(Circular)。如果是 Normal 模式,仅会执行一次 DMA,若要继续执行,则要重新启动。在 Circular 模式下,可以连续执行 DMA。此例中,先将 DMA 模式设置为 Normal。此外,在增量地址(Increment Address)中,勾选上存储器(Memory),这样就可以将数据顺次存储到一个数组中。因为 A/D 的转换结果需要一个 16 位的数,所以将数据宽度(Data Width)设置为半字(Half Word),一个字为 32 位。

ADC1 的 DMA 请求设置完毕后,再回到图 7.11 所示的配置界面。此时,就可以设置 DMA 连续请求(DAM Continuous Requests)参数,设置为 Enabled。

在 ADC 规则转换模式(ADC_Regular_ConversionMode)栏,还是将外部触发转换源(External Trigger Conversion Source)选择为 Timer 3 Trigger Out event。在 ADC 规则转换模式参数栏中,将 Rank 下的采样时间选择为 2.5 个周期。

由于是使用 DMA 来实现将 A/D 采样结果传递到存储器(数组)的,所以无需配置 ADC 的中断。不过,因为配置了 ADC 的 DMA 功能,所以会用到 DMA 的中断。由于上面配置的是 DMA1 的通道 1,所以会自动开启 DMA1 的通道 1 中断。打开 ADC 配置界面中的 NVIC 设置(NVIC Settings),可以看到 DMA1 channel 1 global interrupt 已经自动被使能了,并且不能取消。另外一个 ADC1 的中断(ADC1 and AD2 global interrupt)由于用不到,所以无需开启。

4. 配置定时器

然后,在硬件配置界面 ex_adc_con_tim_dma_ch7.ioc 中选择 Timers,打开 TIM3。由于使用 DMA 只是传送 ADC 的采样值到存储器(数组),所以对 ADC 的触发控制还可以采用前面例子中的方式。此处对 TIM3 的配置,按上例中的图 7.6 所示参数进行设置即可。设置计数器的参数,使最终的 A/D 采样频率为 1 kHz。在 Trigger Output 参数栏,将触发事件选为更新事件(Update Event)。

5. 配置中断

打开 System Core 中的 NVIC,可以看到 DMA1 中断已被使能,并且不可取消,但优先级是可修改的。这里先不做修改,保持其优先级为默认值 0。

6. 选择时钟源和 Debug 模式

打开 System Core 中的 RCC,在其右侧页面中,将高速外部时钟(HSE)设置为 Crystal/Ceramic Resonator,使用片外时钟晶体作为 HSE 的时钟源。最后,在 SYS 中将 Debug 设置为 Serial Wire。

7. 配置系统时钟和 ADC 时钟

随后,在 Clock Configuration 中将系统时钟(SYSCLK)频率配置为 170 MHz,设置 ADC1 的时钟频率为 34 MHz。

至此,硬件配置就完成了。保存 ex_adc_con_tim_dma_ch7.ioc 文件,启动代码自动生成。

7.5.2 代码修改

打开 main.c,修改代码。

1. 定义存储 ADC 采样结果的数组

首先定义存储 ADC 采样结果的数组,在本例中,还是用数组变量 ADC1ConvertedData。

将存储 ADC 采样结果的数组定义为全局变量,同时定义一个后面会用到的变量 ADCD-MAFlag,将它们一并放到主程序中的注释对中:

```
/* USER CODE BEGIN PV */
uint16_t ADC1ConvertedData[ADC_CONVERTED_DATA_BUFFER_SIZE] = {0};
uint8_t ADCDMAFlag = 0;
/* USER CODE END PV */
```

其中,数组长度 ADC_CONVERTED_DATA_BUFFER_SIZE 可以定义到 main.h 中:

```
/* USER CODE BEGIN Private defines */
#define ADC_CONVERTED_DATA_BUFFER_SIZE (uint16_t) 60
/* USER CODE END Private defines */
```

2. 启动 ADC 与定时器

本例中,无需开启 ADC1 的中断。不过,要在主函数的初始化代码中调用 ADC 校验函数 HAL_ADCEx_Calibration_Start,启动 DMA 方式的 ADC 转换(通过调用 HAL_ADC_Start_DMA 函数),并开启 TIM3(通过调用 HAL_TIM_Base_Start)。

将上述三个函数的调用放到 while(1)之前、MX_ADC1_Init()之后的注释对中:

```
/* USER CODE BEGIN 2 */
  HAL_ADCEx_Calibration_Start(&hadc1, ADC_SINGLE_ENDED);
  HAL_ADC_Start_DMA(&hadc1,(uint32_t *)&ADC1ConvertedData,
                   ADC_CONVERTED_DATA_BUFFER_SIZE);
  HAL_TIM_Base_Start(&htim3);
  /* USER CODE END 2 */
```

本例中,ADC 的采样是由 TIM3 控制的,采样值存入存储器(数组)的过程是通过 DMA 完成的,即 ADC 采样值在 DMA 控制器的控制下直接传送到数组 ADC1ConvertedData 中。

虽然没有开启 ADC1 的中断,但在 DMA 完成设定长度的 ADC 采样数据传递后,也会调用一次回调函数 HAL_ADC_ConvCpltCallback()。这里所谓的"设定长度",就是函数 HAL_ADC_Start_DMA()中的第三个参数。该参数在前面的代码中被设定为 60。

3. 编写主程序代码

如果要通过串口送出采样值数据,可以在本次 DMA 传送完毕后进行。如果 DMA 还在更新时就进行串口数据发送,可能会出现数据不连续的情况。所以,可以在回调函数 HAL_ADC_ConvCpltCallback()中将一个标志变量置位(可使用前面定义的变量 ADCDMAFlag),置位就表示 DMA 传送完毕。然后,在 while(1)循环中,以此标志位为条件,实现一段完整的采样值数据发送。串口数据发送,可以通过在主程序中调用串口发送函数来实现。下面给出 while(1)循环中的串口数据发送代码:

```
while (1)
{
  /* USER CODE BEGIN 3 */
  if (ADCDMAFlag == 1)
  {
```

```
        ADCDMAFlag = 0;
        HAL_ADC_Stop_DMA(&hadc1);
        HAL_UART_Transmit(&huart2, (uint8_t *)&ADC1ConvertedData,
                        ADC_CONVERTED_DATA_BUFFER_SIZE * 2, 0xFFFF);
        HAL_ADC_Start_DMA(&hadc1,(uint32_t *)&ADC1ConvertedData,
                        ADC_CONVERTED_DATA_BUFFER_SIZE);
        HAL_Delay(1000);
    }
}
  /* USER CODE END 3 */
```

上面这段代码中,除了延时函数以外,有两个是控制 DMA 的函数,有一个是串口发送数据的函数。第一个函数是让 DMA 停止工作,暂停数据搬运,然后用函数 HAL_UART_Transmit 发送 A/D 采样数据。注意,在 HAL_UART_Transmit 的参数中,设置发送数据的长度为 ADC 采样数据的 2 倍,这是因为串口每次只能发送 1 个字节的数据,而一个 A/D 采样值会占用 2 个字节。数据发送完毕后,再重新启动 ADC 的 DMA 传输。

4. 重定义回调函数

此外,在 main.c 中重新定义回调函数 HAL_ADC_ConvCpltCallback():

```
/* USER CODE BEGIN 4 */
void HAL_ADC_ConvCpltCallback(ADC_HandleTypeDef * AdcHandle)
{
    ADCDMAFlag = 1;
}
/* USER CODE END 4 */
```

至此,代码修改完毕,可以编译工程并下载代码到硬件中,将程序运行起来。

5. 查看结果

施加信号到 ADC 输入端 PA0 上,打开串口接收的 Simulink 模型,即可看到通过串口送来的信号波形。

6. 修改 DMA 模式

上面例子中,主程序每间隔 1 000 ms 发送一组数据;每次发送前要关闭 DMA,发送后再重启。这种方式送来的两组数据其实并非连续的数据。那么,如何让串口实时向外连续发送 A/D 采样的数据呢? 下面就来分析实现过程。

在前面配置 ADC1 的 DMA、设置 ADC1 的 DMA 请求的模式时,选择的是 Normal。如果选择 Circular,DMA 就会持续传送 ADC 采样数据到数组中,不过会循环覆盖;如果能够在下次 DMA 数据传递完成前将数据发送出去,就不会有影响。假如还是设置 ADC 采集缓冲区长度为 60,则 DMA 一次会传送 60 个采样值数据;因为采样频率为 1 kHz,所以完成这些数据的采样需要 60 ms 的时间。加上 DMA 的处理时间,DMA 完成这些数据的传递至少需要 60 ms。这 60 个 ADC 采样值,占 120 个字节。串口发送 1 个字节的数,至少要发送 10 个二进制位(8 个数据位、1 个停止位和 1 个起始位),所以发送 120 个字节的数据,对应的二进制位数为 1 200,而设置的串口波特率为 115 200 bit/s,发送 1 200 位需要的时间为(1 200/115 200)s,

约为 10.4 ms。这个时间小于 DMA 搬运一次数据所需的 60 ms。所以完全可以实现通过串口的数据实时发送。

下面就来尝试进行修改。

首先,在硬件配置界面(ex_adc_con_tim_dma_ch7.ioc)中,打开 ADC1 的 DMA 请求配置界面,DMA 的模式选择 Circular。保存文件 ex_adc_con_tim_dma_ch7.ioc,并启动自动代码生成。

随后,修改 while(1)循环中的代码如下:

```
while(1)
{
  /* USER CODE BEGIN 3 */
  if(ADCDMAFlag == 1)
  {
    ADCDMAFlag = 0;
    HAL_UART_Transmit(&huart2,(uint8_t *)&ADC1ConvertedData,
                      ADC_CONVERTED_DATA_BUFFER_SIZE*2,0xFFFF);
  }
}
  /* USER CODE END 3 */
```

也就是说,在 while(1)循环中只留串口数据发送的语句。

编译工程并下载代码到硬件中,将程序运行起来。

7. 修改 DMA 模式后重新查看结果

施加信号到 ADC 输入端 PA0 上,通过上面的 Simulink 串口接收模型查看波形。

实际上,也可以不在 while(1)循环中进行串口数据发送,而是将它直接放到回调函数 HAL_ADC_ConvCpltCallback()中:

```
/* USER CODE BEGIN 4 */
void HAL_ADC_ConvCpltCallback(ADC_HandleTypeDef * AdcHandle)
{
  HAL_UART_Transmit(&huart2,(uint8_t *)&ADC1ConvertedData,
                    ADC_CONVERTED_DATA_BUFFER_SIZE*2,0xFFFF);
}
```

按上述方法修改代码后,需将 while(1)中的串口发送语句及相关代码都注释掉。然后,编译、下载,并运行程序,可以得到与前面的方式相同的结果。

>>> **习　题**

7.1 实现上述单通道 ADC 单次采样。

(1) 分别将 ADC 的输入接 GND 和 3.3 V 进行测量,通过串口助手查看结果。

(2) 利用扩展板上的分压器(见图 7.13),调节电位器旋钮改变施加到 ADC 引脚上的电压值,通过串口助手查看结果。

7.2 实现单通道 ADC 连续采样。利用扩展板上的分压器调节电位器旋钮,通过串口助手查看结果。

7.3（1）实现单通道 ADC 连续采样（用定时器 TIM3 控制采样频率）。

（2）修改代码,实现接收到串口命令,再送出数据。给发送数据加上帧头和帧尾（0x53 和 0x45）。

利用扩展板上的分压器,调节电位器旋钮,通过串口助手查看结果。

7.4 在习题 7.3 的基础上修改程序,实现下述功能:

运行程序后,得到一组 ADC 采样值:

（1）在 A/D 采样值数据中,查找等于特定值 XXX（如4 000）的采样值的数量;

（2）在 A/D 采样值数组中,找到所有相同的采样值及其数量。

通过串口助手,送出上述查询结果。特定值 XXX 可以通过串口助手来设定。

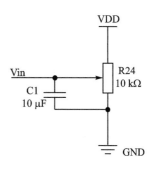

图 7.13　原理图

第8章 DAC

在第 7 章中进行 ADC 测试的时候,需要外部设备(譬如信号发生器)或电路产生模拟信号。实际上,有些 MCU 本身就带有数/模转换器(Digital to Analog Converter,DAC)模块,使用 DAC 模块就可以产生模拟信号。STM32G474RE 就有两个可以引出到外部的 12 位 DAC:DAC1 和 DAC2(STM32G474RE 的另外两个 DAC 模块 DAC3、DAC4 无法直接从 GPIO 输出);其中,DAC1 有两个输出通道,DAC2 有一个。所以,在 STM32G474RE 的 DAC 中,总共有三路模拟信号可以直接从 GPIO 引出。

8.1 STM32G474RE 的 DAC 模块

STM32G474RE 上的三路 DAC 对应的引脚如下:

DAC1_OUT1——PA4

DAC1_OUT2——PA5

DAC2_OUT1——PA6

另外,这三路 DAC 均有输出缓冲。所谓缓冲,是指信号经过运算放大器(运放)电路送出。在 STM32G474RE 中,该运放集成在 MCU 内部。在进行参数配置时,可以选择是否使能该缓冲电路。

DAC 模块从 MCU 引脚上最终输出的电压(V_{DAC}),与输入到它的数据输出寄存器中的数值有关。由于 STM32G474RE 中的 DAC 为 12 位,也就是说,当数据寄存器中的值为 4 095 时,DAC 会输出最大电压值,但这个最大值具体是几伏,还与 MCU 的参考电压(V_{REF})有关。具体公式如下:

$$V_{DAC} = V_{REF} \times \frac{DOR}{4\ 096} \tag{8-1}$$

式中,DOR 是 DAC 数据输出寄存器(data output register)中的数值。理想情况下,DAC 的输出电压在 0~V_{REF} 之间。不过,如果开启了 DAC 的缓冲(Buffer),输出的电压最小值不会为 0,最大值也不会是 V_{REF},而是会在 0.2 V~V_{REF}-0.2 V 之间。V_{REF} 是参考电压,它在 MCU 上专门有一个外部引脚;在 NUCLEO - G474RE 板上,该引脚连到了电源电压上,理论值是 3.3 V。所以,当给 DAC 的数据寄存器写入 4 095 时,DAC 的输出电压会接近 3.3 V。

下面通过例子来说明如何使用 NUCLEO - G474RE 上的 DAC 模块产生模拟电压信号。

8.2　单路 DAC 输出

参照前面章节的例子，从建立新的工程开始。

在工程建立的步骤中，选择目标器件 STM32G474RET6，并为工程起名为 ex_dac_ch8，然后继续，直至工程建立完成。

8.2.1　配置 DAC

在硬件配置界面 ex_dac_ch8.ioc 中，首先配置 DAC 模块。

打开硬件配置界面中的 Analog，选择 DAC1，右侧将会显示 DAC1 的模式与配置界面，如图 8.1 所示。

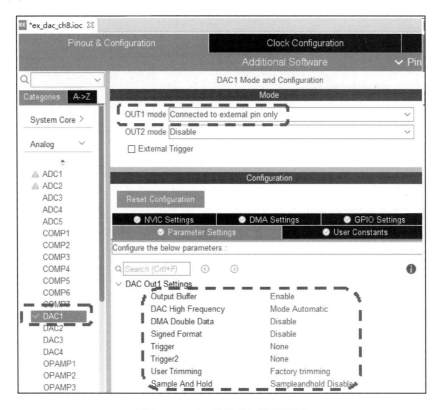

图 8.1　DAC1 的模式与配置界面

图 8.1 中，OUT1 模式（OUT1 mode）选择 Connected to external pin only，也就是将 DAC1 的输出通道 1 连接到外部引脚，该引脚为 PA4；OUT2 模式暂不使用，保持 Disable。下面的配置（Configuration）区是 DAC 的一些参数，其中第一个参数就是是否使能输出缓冲（Output Buffer），该参数在默认情况下是使能（Enable）的；其他参数，均可暂时保持默认值。

8.2.2　选择时钟源和 Debug

打开 System Core 中的 RCC，在其右侧页面，将高速时钟（HSE）设置为 Crystal/Ceramic Resonator，使用片外时钟晶体作为 HSE 的时钟源。最后，在 SYS 中将 Debug 设置为 Serial Wire。

本例中暂时没有配置新的中断，不过，由于在后面代码中用到了 HAL_Delay 函数，所以在 NVIC 中要把 tick timer 的抢占式优先级设为 0。

8.2.3　配置系统时钟

随后，在 Clock Configuration 中将系统时钟（SYSCLK）频率配置为 170 MHz。

至此，硬件配置就完成了。保存 ex_dac_ch8.ioc 文件，启动代码自动生成。

8.2.4　代码修改

打开 main.c，修改代码。

由于前面配置了 DAC，所以在 main 函数的初始化阶段，除了使用代码自动生成的函数 MX_DAC1_Init()对 DAC 模块的基本参数进行初始化之外，还需要添加启动 DAC 的语句。

1. 启动 DAC

专门有一个库函数 HAL_DAC_Start()实现启动 DAC 模块的功能，可将它放到 main 函数中的 while(1)之前、MX_DAC1_Init()函数之后的注释对中：

```
/* USER CODE BEGIN 2 */
HAL_DAC_Start(&hdac1, DAC_CHANNEL_1);
/* USER CODE END 2 */
```

2. 给 DAC 的数据输出寄存器赋值

DAC 启动之后，可以在 while(1)中给其数据寄存器赋值，这样就可以通过它输出所需要的模拟电压信号。

给 DAC 的数据寄存器赋值，可以使用库函数 HAL_DAC_SetValue()。在 while(1)中添加如下代码：

```
while (1)
{
    /* USER CODE BEGIN 3 */
    DACIndex ++ ;
    if (DACIndex == 4096)
      DACIndex = 0;
    HAL_DAC_SetValue(&hdac1, DAC_CHANNEL_1, DAC_ALIGN_12B_R, DACIndex);
    HAL_Delay(10);
}
/* USER CODE END 3 */
```

HAL_DAC_SetValue()函数有 4 个参数:第一个是 DAC 句柄;第二个是 DAC 的通道;第三个是数据对齐方式(本例中,选用 12 位右对齐);第四个参数是具体赋给数据寄存器的数值。这里用了一个变量 DACIndex,该变量逐步增加到 4 096 后,再从 0 开始。当然,需要在 main 函数中声明该变量。将其声明为全局变量,放到 main 函数前面的注释对中:

```
/* USER CODE BEGIN PV */
uint16_t DACIndex = 0;
/* USER CODE END PV */
```

至此,代码编写就完成了。

8.2.5　编译、下载并运行程序

编译工程并下载到硬件中,将程序运行起来。

可以通过示波器或万用表来测量 PA4 引脚上的电压。在 NUCLEO - G474RE 板上,PA4 通过 CN7 端子的第 32 引脚或 CN8 的第 3 引脚引出。

8.2.6　用定时器控制 DAC 输出

上面的例子,是在 while(1)循环中实现了 DAC 的输出,并且让 DAC 输出信号幅值逐步变化。

由上面的例子可见,DAC 的配置与使用是比较方便的。硬件配置完成后,在代码中实际需要做的只有两步:一是用库函数 HAL_DAC_Start()启动 DAC,二是用函数 HAL_DAC_SetValue()给 DAC 的数据寄存器赋值。

下面对上述代码进行修改。

依然是在初始化阶段启动 DAC,即函数 HAL_DAC_Start()放置的位置不变,而将给 DAC 的数据寄存器赋值的语句放置到定时器的中断中。这里将用定时器 TIM3 中断。

1. 配置定时器参数

为此,需要在硬件配置界面 ex_dac_ch8.ioc 中配置 TIM3。打开硬件配置界面中的 Timers,选择 TIM3,在出现的 TIM3 模式和配置界面中,将模式(Mode)中的时钟源(Clock Source)选择为 Internal Clock,如图 8.2 所示。

图 8.2 中,打开定时器设置(Counter Settings)选项卡,预分频因子(Prescaler)设置为 169,计数器周期(Counter Period)设置为 9。如果系统时钟频率为 170 MHz,则计数器的计数周期为 $(169+1)(9+1)/(170\times10^{6})=10$ (μs),对应的频率为 0.1 MHz。随后,打开 TIM3 配置界面的 NVIC 设置(NVIC Settings),使能 TIM3 的中断,如图 8.3 所示。

保存 ex_dac_ch8.ioc 文件,并启动自动代码生成。

2. 代码修改

打开 main.c 文件,在 while(1)之前的初始化代码中加入启动定时器中断的语句,与启动 DAC 的语句 HAL_DAC_Start()放到一起:

```
/* USER CODE BEGIN 2 */
  HAL_DAC_Start(&hdac1, DAC_CHANNEL_1);
  HAL_TIM_Base_Start_IT(&htim3);
```

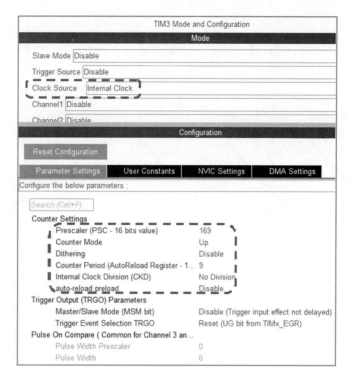

图 8.2 TIM3 的配置界面

图 8.3 使能 TIM3 中断

```
/* USER CODE END 2 */
```

然后，重新定义定时器中断的回调函数：

```
/* USER CODE BEGIN 4 */
void HAL_TIM_PeriodElapsedCallback(TIM_HandleTypeDef * htim)
{
  if (htim == (&htim3))
  {
    DACIndex ++ ;
    if (DACIndex == 4096)
        DACIndex = 0;
    HAL_DAC_SetValue(&hdac1, DAC_CHANNEL_1, DAC_ALIGN_12B_R, DACIndex);
  }
}
/* USER CODE END 4 */
```

在上面的函数中，将原来位于 while(1)中的代码完整地移植了过来（while 循环中不留代码）。

3. 查看结果

编译工程并下载到硬件中,将程序运行起来。通过示波器测量 PA4 引脚上的电压,将会得到一个锯齿波,频率约为 24.41 Hz(100 kHz/4 096),如图 8.4 所示。

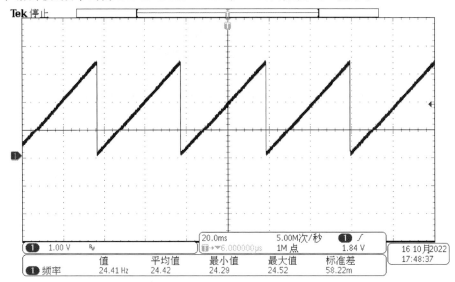

图 8.4 DAC 波形图

上面的例子中,用定时器得到了一个周期性变化的锯齿波,可以通过调整定时器的参数来改变波形的周期。当然,输出波形的周期也可以通过控制 DAC 数据寄存器数值的更新步长来改变。譬如,在上面的例子中,每次发生定时器中断,让 DACIndex 加 1,也就是说,要 4 096 个中断后才能进入下一个周期。如果要修改输出信号频率,可以调整 DACIndex 增加的数值,譬如每次中断让 DACIndex 加 2,输出频率就会增加一倍。

在 MCU 中,通过 DAC 输出周期性信号有很多方式,上面这个例子只是展示了用 DAC 获得周期性信号的一种方法,但这种方法在实际中并不常用。下面介绍一种用 DMA 实现 DAC 输出正弦信号的方法。

8.3 用 DMA 实现 DAC 输出

当然,这里用 DMA,只是利用 DMA 控制器实现一种数据的传递工作。用 DMA 的方式将位于存储器(数组)中的数据传递给 DAC 的数据输出寄存器。放到存储器(数组)中的数据,可以是一段波形数据(正弦波、锯齿波等),譬如一个周期的数据,利用 DMA 周期性地将该数据传递到 DAC,就可以实现周期性信号的输出了。

8.3.1 建立新工程

参照前面的例子,还是从建立新的工程开始。

在工程建立的步骤中,选择目标器件 STM32G474RET6,并为工程起名为 ex_dac_dma_ch8,然后继续,直至工程建立完成。

1. 配置 DAC

在硬件配置界面 ex_dac_dma_ch8.ioc 中,首先配置 DAC。打开配置界面中的 Analog,选择 DAC1,会显示 DAC1 的模式和配置界面,与图 8.1 完全一样。然后,将 OUT1 模式(OUT1 mode)选择为 Connected to external pin only,也就是将 DAC1 的输出通道 1 连接到外部引脚,该引脚为 PA4,OUT2 模式暂不使用,保持 Disable。下面的配置(Configuration)区中是 DAC 的一些配置参数,在上面的例子中,这些参数都保持了默认值。不过,本例中,希望用定时器来触发 DAC,所以将其中的 Trigger 选择为 Timer 3 Trigger Out event,如图 8.5所示。

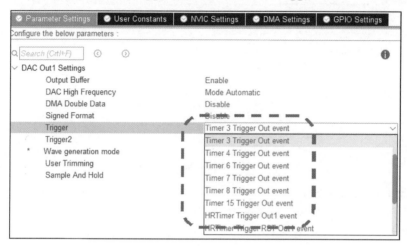

图 8.5　配置 DAC 的 Trigger 参数

2. 配置 DMA

此外,由于要用到 DMA,所以打开 DMA 设置(DMA Settings)选项卡,会出现 DMA 请求(Request)的设置页面,如图 8.6 所示。

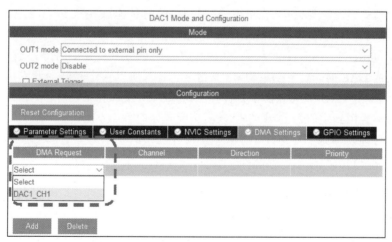

图 8.6　DAC1 的 DMA 请求设置页面

在图 8.6 中,单击左下方的 Add 按钮,在 DMA Request 条目下会出现一个选择框(Select),选择其中的 DAC1_CH1,就会出现图 8.7 所示 DAC1 通道 1(DAC1_CH1)的 DMA 配置界面。

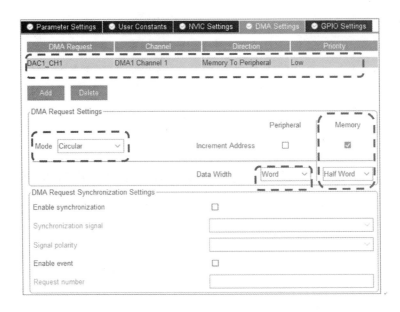

图 8.7　DAC1 通道 1 的 DMA 配置界面

图 8.7 中有两点需要注意：一是 DMA 请求设置中的模式（Mode），选择为 Circular，让 DMA 循环工作；二是数据宽度（Data Width），对应外设（Peripheral），即 DAC 模块的那一个（左侧），要改为字（Word）。1Word 有 32 位。虽然 DAC 只有 12 位，占用半个字就够了，但 DAC 的数据输出寄存器却是 32 位的，所以这个参数一定要设置为 Word。

由于用到了 Timer 3 来触发 DAC，所以接下来需要配置定时器。

3. 配置定时器

在硬件配置界面 ex_dac_dma_ch8.ioc 中，打开位于中部的 Timers，然后选择 TIM3。在出现的 TIM3 模式和配置界面中，先将模式（Mode）的时钟源（Clock Source）选择为内部时钟（Internal Clock）；在定时器设置（Counter Settings）区，将预分频因子（Prescaler）设置为 169，计数器周期（Counter Period）设置为 9。这些参数的设置与图 8.2 中的配置是相同的。不过，由于在前面配置 DAC 时，选择了用 TIM3 来触发 DAC，所以在定时器的触发事件选择（Trigger Event Selection TRGO）列表框中要选择 Update Event，如图 8.8 所示。

由于本例不会用到定时器的中断，所以不用配置定时器 NVIC。

如果系统时钟频率为 170 MHz，则在上面设置的定时器参数下，定时器的事件更新频率将为 $(170 \times 10^6)/(170 \times 10) = 0.1$（MHz），即 100 kHz。

4. 选择时钟源和 Debug

打开 System Core 中的 RCC，在其右侧页面，将高速时钟（HSE）设置为 Crystal/Ceramic Resonator，使用片外时钟晶体作为 HSE 的时钟源。最后，在 SYS 中将 Debug 设置为 Serial Wire。由于没有使用中断，所以不用配置 NVIC。

5. 配置系统时钟

随后，在 Clock Configuration 中将系统时钟（SYSCLK）频率配置为 170 MHz。

至此，硬件配置就完成了。保存 ex_dac_dma_ch8.ioc 文件，启动代码自动生成。

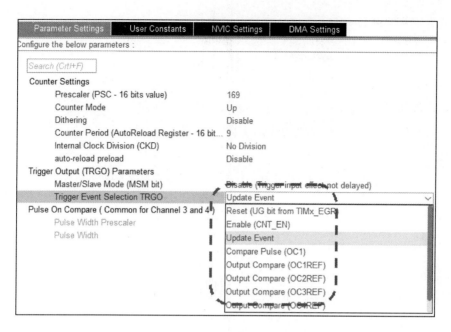

图 8.8　TIM3 的配置界面

8.3.2　代码修改

打开 main.c，修改代码。

1. 启动定时器和 DMA

首先，由于使用了定时器和 DAC（带 DMA 的 DAC），所以需要在初始化时启动定时器和 DAC。启动定时器使用库函数 HAL_TIM_Base_Start()，启动带 DMA 的 DAC，使用库函数 HAL_DAC_Start_DMA()。对这两个函数的调用，可以放到 while(1) 之前的注释对中：

```
/* USER CODE BEGIN 2 */
HAL_TIM_Base_Start(&htim3);
HAL_DAC_Start_DMA(&hdac1, DAC_CHANNEL_1,(uint32_t *)
                SineWaveData,DAC_BUFFER_SIZE,DAC_ALIGN_12B_R);
/* USER CODE END 2 */
```

HAL_TIM_Base_Start() 函数以前用过，只有一个参数，就是定时器句柄。

HAL_DAC_Start_DMA() 函数有 5 个参数：前面两个参数与函数 HAL_DAC_Start() 的参数相同，一个是 DAC 句柄，一个是 DAC 通道，这里用的是通道 1，即 DAC_CHANNEL_1；第三个参数是指定波形数据在存储器中的地址，用的是数组，名为 SineWaveData；第四个参数用于指定数据长度，用了变量 DAC_BUFFER_SIZE；最后一个参数是数据格式，用的是 12 位右对齐的方式（DAC_ALIGN_12B_R）。

变量 DAC_CHANNEL_1 和 DAC_ALIGN_12B_R 在 HAL 库中都有定义。数组 SineWaveData 和数据长度 DAC_BUFFER_SIZE，则需要来在代码中定义。这里的数据长度就是数组的长度。

将数据长度变量定义在 main.h 文件中：

```
/* USER CODE BEGIN Private defines */
#define DAC_BUFFER_SIZE (uint16_t) 50
/* USER CODE END Private defines */
```

此处,暂时将数据长度设定为 50。

2. 定义输出波形数据

将数组定义在 main.c 中,定义为全局变量:

```
/* USER CODE BEGIN PV */
uint16_t SineWaveData[DAC_BUFFER_SIZE] = {2047,2304,2557,2801,3034,3251,3449,3625,3776,
3900,3994,4058,4090,4090,4058,3994,3900,3776,3625,3449,3251,3034,2801,2557,2304,2048,1791,
1538,1294,1061,844,646,470,319,195,101,37,5,5,37,101,195,319,470,646,844,1061,1294,1538, 1791
};
/* USER CODE END PV */
```

这里给出的 SineWaveData,长度为 DAC_BUFFER_SIZE(在前面已将其定义为 50)。这个数组中的数据,实际是一个周期的正弦信号数据;也就是说,将一个周期的正弦波形,用 50 个数据点来表示。产生这个波形数据的方法,后面会介绍。

3. 查看结果

至此,就完成了代码的修改。编译工程,下载到硬件中,并将程序运行起来。

由于是通过定时器的更新事件(Update Event)来触发 DAC 的,定时器事件的更新频率已经被设定为 100 kHz,所以数组 SineWaveData 中的 50 个数将以此频率顺次取出,赋值给 DAC 的数据输出寄存器。DMA 传递 50 个数据需要时间为 $50/(100 \times 10^3) = 0.5$ (ms)。而这 50 个数据刚好为一个正弦周期,所以 DAC 产生的正弦波的频率将为 2 kHz。

通过示波器测量 PA4 引脚上的电压,将会得到一个正弦波,频率为 2 kHz(100 kHz/50),如图 8.9 所示。从图 8.9 中可见,该正弦波的频率为 2 kHz,与前面的分析一致。

4. 改变输出信号频率

通过修改定时器 TIM3 的配置参数,可以改变输出波形的频率。譬如,可将定时器的预分频因子设置为 0,计数器周期设置为 169,如图 8.10 所示。

此时定时器的事件更新频率将为 1 MHz。如果保持数组 SineWaveData 中的 50 个数不变,则此时输出的正弦波频率将为 1 MHz/50=20 kHz。

保存文件 ex_dac_dma_ch8.ioc,并启动代码自动生成功能。

编译工程并下载到硬件中,将程序运行起来。

此时,再用示波器查看 PA4 引脚上的波形,得到的波形如图 8.11 所示。

从图 8.11 中可见,该正弦波的频率为 20 kHz。

从图 8.11 中还可以看到,在波形的峰值处有饱和的现象。这是因为在引脚配置时,默认开启了 DAC 缓冲功能。根据前面的介绍,此时 DAC 实际的输出范围会在 0.2 V～V_{REF} − 0.2 V 之间。如果 V_{REF} 为 3.3 V,在开启缓冲后,虽然数据输出寄存器数据在 0～4 095 范围内变化,但 DAC 的真实输出会在 0.2～3.1 V 之间。前面例子所给的数据中,送给数据输出寄存器的最大值为 4 090,最小值为 5,所以在峰值处会有饱和现象。

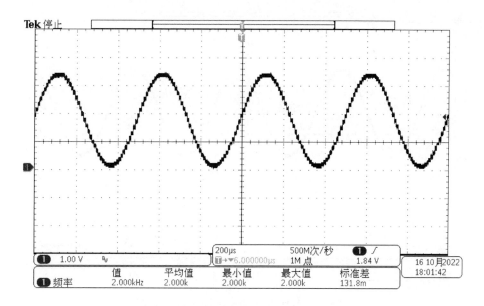

图 8.9　DAC 输出频率为 2 kHz 的正弦波

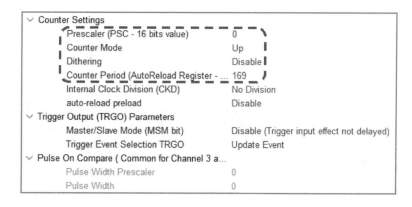

图 8.10　修改 TIM3 的配置参数

尝试去掉 DAC 配置参数中的 Buffer(选择为 Disable),同样可以输出 20 kHz 的正弦波,其波形图如图 8.12 所示。

对比图 8.12 与图 8.11 可见,无缓冲时,输出正弦波形在峰值处的饱和现象有所改善。

5. 改善输出波形质量

由图 8.9、图 8.11 和图 8.12 所示的 DAC 输出波形来看,都不是很连续,这是为什么呢?这是因为,在这组波形中每个正弦周期的数据点数均为 50,也就是说,波形的每个周期中只有 50 个离散点,所以波形不是很连续。可以尝试把一个正弦周期中的点数增加到 200,再查看输出波形会有什么变化。在此给出数组 SineWaveData 的数据如下:

```
uint16_t SineWaveData[DAC_BUFFER_SIZE] = {2047,2112,2176,2240,2304,2368,2431,2494,2557,
2619,2680,2741,2801,2860,2919,2977,3034,3090,3144,3198,3251,3302,3352,3401,3449,3495,3540,
3583,3625,3665,3704,3741,3776,3809,3841,3871,3900,3926,3951,3973,3994,4013,4030,4045,4058,
```

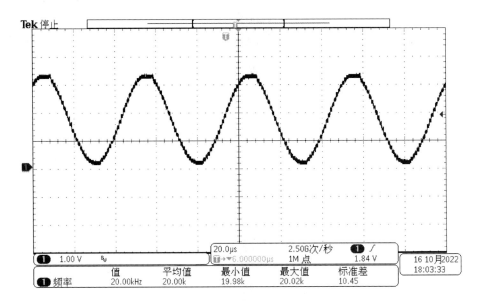

图 8.11　DAC 输出频率为 20 kHz 正弦波

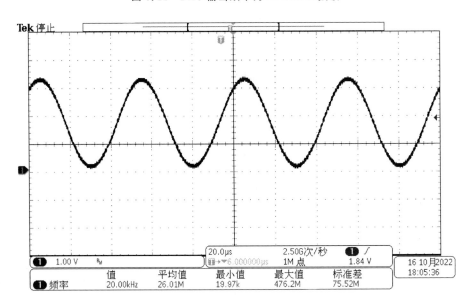

图 8.12　DAC 输出频率为 20 kHz 正弦波(无 Buffer)

4069,4078,4085,4090,4093,4094,4093,4090,4085,4078,4069,4058,4045,4030,4013,3994,3973,3951,
3926,3900,3871,3841,3809,3776,3741,3704,3665,3625,3583,3540,3495,3449,3401,3352,3302,3251,
3198,3144,3090,3034,2977,2919,2860,2801,2741,2680,2619,2557,2494,2431,2368,2304,2240,2176,
2112,2048,1983,1919,1855,1791,1727,1664,1601,1538,1476,1415,1354,1294,1235,1176,1118,1061,
1005,951,897,844,793,743,694,646,600,555,512,470,430,391,354,319,286,254,224,195,169,144,122,
101,82,65,50,37,26,17,10,5,2,0,2,5,10,17,26,37,50,65,82,101,122,144,169,195,224,254,286,319,
354,391,430,470,512,555,600,646,694,743,793,844,897,951,1005,1061,1118,1176,1235,1294,1354,
1415,1476,1538,1601,1664,1727,1791,1855,1919,1983

　　};

此时,还需要修改 main. h 中的 DAC 缓冲区长度变量 DAC_BUFFER_SIZE:

```
/ *  USER CODE BEGIN EFP  * /
♯define DAC_BUFFER_SIZE (uint16_t) 200
/ *  USER CODE END EFP  * /
```

虽然定时器的更新频率保持为 1 MHz,即 DMA 会 1 μs 传递一个数据到 DAC 的数据输出寄存器;但由于数据点数由 50 增加到 200,所以传递一个完整周期的数据所需的时间,也就由原来的 50 μs 增加至 200 μs。因此,DAC 最终输出的正弦波形的频率将为 5 kHz。

修改代码后,编译工程并下载到硬件中,将程序运行起来。

通过示波器测量 DAC 输出的波形,将得到如图 8.13 所示的波形图。

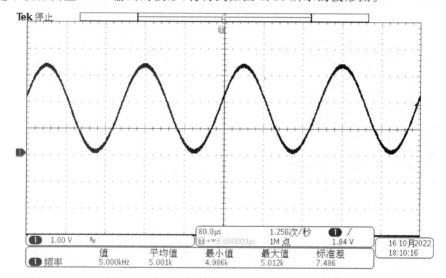

图 8.13　DAC 输出频率为 5 kHz 正弦波(无 Buffer)

与图 8.12 中的波形图相比,增加数据点数后的波形要相对平滑很多。

6. 生成波形数据的方法

如何获得波形数据值呢? 有很多种方式,这里介绍一种通过 MALAB 软件产生波形数据的方法。

下面给出用 MALAB 软件生成正弦波形数据的代码:

```
A = 4096/2 - 1;          %信号幅值
N = 50;                  %一个周期内的数据点数
Ph = 0;                  %初始相位
SineData = ceil(A * sin(Ph:2 * pi/N:2 * pi * (1 - 1/N) + Ph) + A);
Fid  =  fopen('SineWaveData. txt','w');
fprintf(Fid,'% d,',SineData);
fclose(Fid);
```

第一行中的 A 是指定正弦函数的幅值,由于给 12 位 DAC 数据寄存器传递的数值范围是 0~4 095,所以需要将波形零点抬高至最大值的一半。这里给定幅度最大值为 2 047。

第四句中 ceil 函数为取整函数;Ph:2 * pi/N:2 * pi * (1-1/N)+Ph 是指在 Ph 到 2 * pi

$(1-1/N)+Ph$ 之间分成 N 份,也就是步长为 $1/N$;语句后的"$+A$"是指将零点抬升到 A,即 2 047。第五、六两句是将数据存入文件 SineWaveData. txt 中,第七句是关闭文件。在 fprintf( )函数中用了'%d,',表示以十进制格式存储数据,数据之间加",""。

如果要修改数据点数,将"N=50"中的"50"改为需要的值即可。如果要改变初始相位,可修改 Ph 的值(注意,初始相位用的是弧度,譬如 90°时,Ph=pi/2)。

8.4 使用硬件自带的波形发生器

在前面配置 DAC 的参数时,是否注意到有一个波形产生模式(Wave generation mode)?如图 8.14 所示。

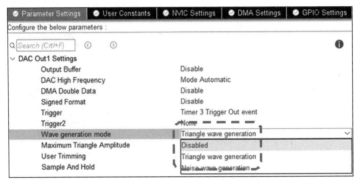

图 8.14 配置 DAC 自带的硬件波形发生器

这里是 DAC 模块自带的硬件波形发生器,不过只有三角波(Triangle wave)和噪声(Noise wave)两种。此外,如果配置了图 8.14 中的 Trigger2 参数,在波形发生模式中就会出现(并且仅出现)锯齿波的选项(Sawtooth wave)。这些硬件自带的波形发生器也很容易使用,不过输出波形的频率是与输出幅值相关联的,虽然也可以受定时器控制,但频率调整不像前面例子中那样方便。

8.4.1 配置硬件参数

下面以输出三角波为例,介绍一下硬件自带的波形发生器的使用方法。在前面例子的基础上,配置 DAC 的参数,如图 8.15 所示。

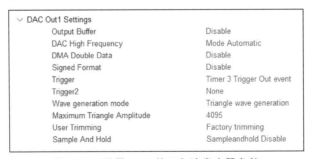

图 8.15 配置 DAC 的三角波发生器参数

8.4.2 其他参数配置及代码修改

本例中,暂不需要用 DAC 的 DMA 功能,不过保留原来的设置也没有影响,可以将初始化语句注释掉。此外,定时器 TIM3 的设置还保持使定时器的事件更新频率为 1 MHz(预分频因子为 0,计数器周期为 169)。

保存文件 ex_dac_dma_ch8.ioc,并启动代码自动生成功能。

在 while(1)前面添加的初始化代码中,做如下修改:

```
/* USER CODE BEGIN 2 */
HAL_TIM_Base_Start(&htim3);
//  HAL_DAC_Start_DMA(&hdac1, DAC_CHANNEL_1,(uint32_t *)
                        SineWaveData,DAC_BUFFER_SIZE,DAC_ALIGN_12B_R);
HAL_DACEx_TriangleWaveGenerate(&hdac1, DAC_CHANNEL_1,
                            DAC_TRIANGLEAMPLITUDE_4095);
HAL_DAC_Start(&hdac1, DAC_CHANNEL_1);
/* USER CODE END 2 */
```

保留开启定时器的初始化语句,但要把启动 DAC DMA 的语句注释掉。此外,添加初始化三角波发生器的语句 HAL_DACEx_TriangleWaveGenerate()和启动 DAC 的语句 HAL_DAC_Start()。其中 HAL_DACEx_TriangleWaveGenerate()的最后一个参数就是控制三角波输出电压幅值的,这里给的是最大值。常量 DAC_TRIANGLEAMPLITUDE_4095 在库函数文件 stm32g4xx_hal_dac_ex.h 中有定义。

8.4.3 查看结果

编译工程并下载到硬件中,将程序运行起来。

用示波器查看 PA4 引脚上的波形,可得到如图 8.16 所示的波形图。

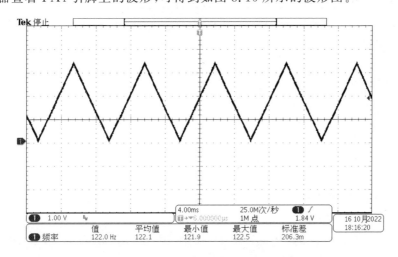

图 8.16 DAC 输出三角波

上面的例子只使用了一路 DAC,如果想输出两路相位不同的模拟信号,该如何实现呢?

8.5 两路 DAC 输出

因为 STM32G474RE 可以通过 GPIO 输出三路模拟信号,DAC1 有两个输出通道,DAC2 有一个;所以要输出两路信号,可以使用 DAC1 的一个通道和 DAC2,也可以仅使用 DAC1,用它的两个通道。

下面简单介绍一下如何输出两路 DAC 信号。首先使用 DAC1 的两个通道产生两路相位不同的正弦信号。

还是从建立新的工程开始。

8.5.1 建立新工程

在工程建立的步骤中,选择目标器件 STM32G474RET6,并为工程起名为 ex_dac_multi-channel_ch8,然后继续,直至工程建立完成。

1. 配置 DAC

在硬件配置界面 ex_dac_multichannel_ch8.ioc 中先配置 DAC。打开界面中的 Analog,然后选择 DAC1,将会显示 DAC1 的模式和配置界面。在 DAC1 的模式(Mode)区,将两个通道的模式(OUT1 mode 和 OUT2 mode)均选择为连接到外部引脚(Connected to external pin only),如图 8.17 所示。

图 8.17 中,在下面的 DAC1 通道的设置区,先将它们的输出缓冲(Output Buffer)禁止(也可以保持使能),随后分别将它们的 Trigger 参数选择为 Timer3 Trigger Out event。

2. 配置 DMA

然后,打开图 8.17 中的 DMA 设置(DMA Settings)选项卡,增加(ADD)一个 DAC1_CH1 请求(也可以是 CH2),并按照图 8.18 中的参数进行设置。

图 8.18 中主要配置两点:一是 DMA 请求模式选择 Circular,让它循环工作;二是将外设(Peripheral)和存储器(Memory)的数据宽度均选择为按字(Word)的方式。其余参数保持默认值。

至此,DAC1 的参数就配置完毕了。

3. 配置定时器

接下来,进行定时器参数的配置。打开硬件配置界面中的 Timers,选择 TIM3,在其右侧模式区将时钟源(Clock Source)选择为内部时钟(Internal Clock),并按图 8.19 配置其他参数。

图 8.19 中,将计数器周期设为 169,并将触发事件(Trigger Event Selection TRGO)选择为 Update Event,其余参数保持默认值。

打开 System Core 中的 RCC,在其右侧页面,将高速时钟(HSE)设置为 Crystal/Ceramic Resonator,使用片外时钟晶体作为 HSE 的时钟源。最后,在 SYS 中将 Debug 设置为 Serial Wire。由于没有使用中断,所以不用配置 NVIC。

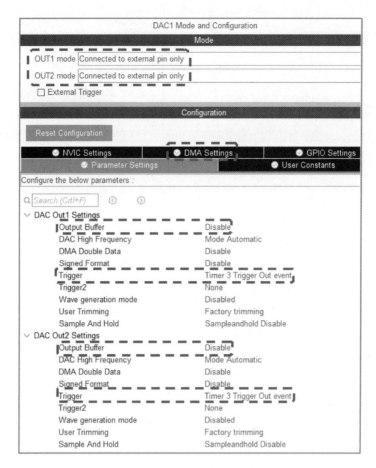

图 8.17　配置 DAC1 的双通道输出

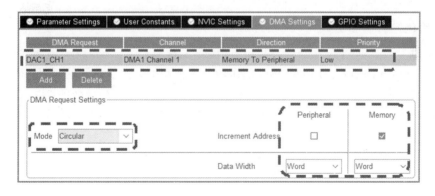

图 8.18　DAC 的 DMA 设置

4. 配置系统时钟

随后,在 Clock Configuration 中将系统时钟(SYSCLK)频率配置为 170 MHz。

至此,硬件配置就完成了。保存 ex_dac_multichannel_ch8.ioc 文件,启动代码自动生成。

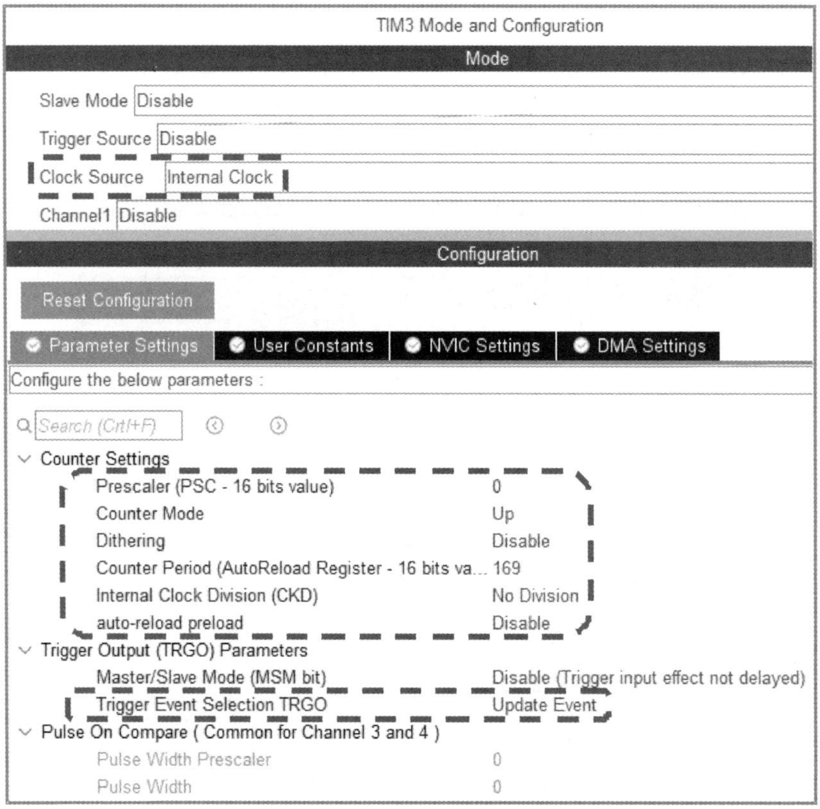

图 8.19　TIM3 的配置界面

8.5.2　代码修改

打开 main. c,修改代码。

1. 初始化定时器和 DAC

由于使用了 DAC 的 DMA 功能,并且用 TIM3 来触发 DAC,所以在初始化代码中要加入启动 DAC 和 TIM3 的语句。启动 TIM3 的函数与之前用的方式是相同的,还是通过调用库函数 HAL_TIM_Base_Start()来实现。虽然本例中还是采用带 DMA 功能的 DAC,但这次用的是 DAC1 的两个通道,所以要用专门的库函数来启动该功能,此函数为 HAL_DACEx_Dual-Start_DMA()。

将这两个函数的调用放到 main 函数中 while(1)前的注释对中:

```
/* USER CODE BEGIN 2 */
HAL_TIM_Base_Start(&htim3);
HAL_DACEx_DualStart_DMA(&hdac1, DAC_CHANNEL_1, DualSineWaveData,
                    DAC_BUFFER_SIZE, DAC_ALIGN_12B_R);
/* USER CODE END 2 */
```

在 HAL_DACEx_DualStart_DMA()函数中,第二个参数用的是 DAC_CHANNEL_1,也就是 DAC1 的通道 1,这是因为前面配置 DAC1 的 DMA 参数时配置的是 DAC1_CH1,如果配置的是 DAC1_CH2,则此处应使用 DAC_CHANNEL_2;第三个参数用的也是一个数组,用来存储波形数据，数据的长度为 DAC_BUFFER_SIZE，该变量可以定义到 main.h 中：

```
/* USER CODE BEGIN Private defines */
#define DAC_BUFFER_SIZE (uint16_t) 50
/* USER CODE END Private defines */
```

这里，将 DAC 波形数据的长度设为 50。

2. 定义波形数据

关于存储波形数据的数组 DualSineWaveData，与前面介绍单路 DAC 时用到的数组有些区别。在这里，这个数组要定义成 32 位的，也就是说，每个数据点包含两个 16 位的数，分别会传递给 DAC1 的 CH1 和 CH2。这里先给出一个示例波形数据，是两个正弦波，其中一个幅值是另一个的一半，后面再介绍生成这个数据的方法：

```
/* USER CODE BEGIN PV */
uint32_t DualSineWaveData[DAC_BUFFER_SIZE] = {134155263,150998007,167578591,183569335,
198839168,213060412,226036458,237570700,247466532,255592883,261753148,265947327,268044352,
268044223,265946944,261752515,255592012,247465435,237569395,226034965,213058755,198837375,
183567432,167576608,150995976,134218752,117376008,100795424,84804680,69534847,55313603,
42337557,30803315,20907483,12781132,6620867,2426688,329663,329792,2427071,6621500,12782003,
20908580,30804620,42339050,55315260,69536640,84806583,100797407,117378039};
/* USER CODE END PV */
```

将上述数组 DualSineWaveData 定义为全局变量，放到主函数的注释对中。

至此，代码的修改就完成了。编译工程并下载到硬件中，将程序运行起来。

3. 查看结果

根据前面 TIM3 参数的设置，生成的正弦波形频率应该为 20 kHz。

在前面介绍过，DAC1_OUT1 对应 PA4，DAC1_OUT2 对应 PA5。PA5 通过 NUCLEO-G474RE 板上 CN10 的第 11 引脚或 CN5 的第 6 引脚引出（该引脚就是控制板上发光二极管 LD2 的引脚）。通过示波器测量 PA4、PA5 引脚上的电压，将会得到两个正弦波，频率均为 20 kHz，如图 8.20 所示。

图 8.20 中，示波器的通道 1 对应 PA4，也就是 DAC1 的 CH1；另一通道对应 DAC1 的 CH2。在图 8.20 中，示波器的通道 2 每格代表 2 V，通道 1 每格为 1 V。

由这个波形图可以看到，两路信号的幅值不同，相位也不同，这是由于在 32 位数组中组合了两个波形数据。

4. 生成波形数据的方法

生成上面数组数据的 MATLAB 代码如下：

```
A = 4096/2 - 1;          %信号幅值
N = 50;                  %一个周期内的数据点数
Ph = 0;                  %信号1初始相位
Ph2 = pi/2;              %信号2初始相位
SineDataPh0 = ceil(A * sin(Ph:2 * pi/N:2 * pi * (1-1/N) + Ph) + A);
SineDataPh90 = ceil(A/2 * sin(Ph2:2 * pi/N:2 * pi * (1-1/N) + Ph2) + A);
```

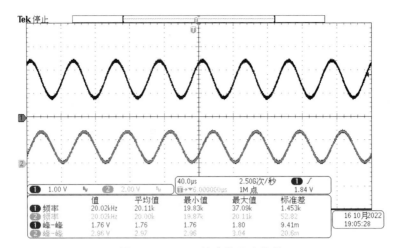

图 8.20　DAC1 输出的两路信号

```
SineData = SineDataPh0 * 65536 + SineDataPh90;
```

上面的语句中,SineData 是两路数据(SineDataPh0 和 SineDataPh90)合成的结果。Sine-DataPh90 的初始相位为 90°(即 pi/2),所以在 sin()函数的参数里,是从 pi/2 开始的。在 Sine-Data 中,低 16 位对应的是初始相位为 90°的数据,并且幅值为 A/2。在 DMA 传递数据时,低 16 位会传递给 DAC1 的通道 1。图 8.20 中,示波器的通道 1 就是 DAC1 的 CH1。

8.5.3　分别用 DAC1 和 DAC2 输出模拟信号

上面的例子中使用了 DAC1 的两个通道 CH1 和 CH2,下面修改硬件配置,分别使用 DAC1 的通道 1 和 DAC2 的通道 1(DAC2 只有一个通道)输出上面两个波形。

1. 配置 DAC1 和 DAC2 模块

首先,打开硬件配置界面 ex_dac_multichannel_ch8.ioc,在 DAC1 的模式与配置界面中,将其 OUT2 的模式选择为 Disable。同时,DAC OUT1 的配置参数保持原设置不变,其 Tig-ger 还是用 Timer 3 Trigger Out event;DMA 请求还是用 DAC1_CH1,模式为 Circular,外设(Peripheral)字长为 Word,存储器(Memory)字长为 Half Word。由于要使用两路 DAC 输出具有一定相位差的信号,所以两路 DAC 要做同步参数配置。具体配置方式是在 DMA 请求同步设置(DMA Request Synchronization Settings)栏,勾选上使能参数(Enable Synchroniza-tion)和使能事件(Enable event)。

随后,配置 DAC2,在其模式(Mode)栏,将 OUT1 模式选择为 Connected to external pin only,然后按图 8.21 配置参数。

图 8.21 中,对 DAC2 参数的配置与 DAC1 相同。Trigger 也是用 Timer 3 Trigger Out event。由于 DAC1 和 DAC2 是完全独立的,所以还要配置 DAC2 的 DMA。

2. 配置 DAC2 的 DMA

打开图 8.21 中的 DMA Settings 选项卡,添加(Add)DAC2 的 DAM 请求 DAC2_CH1,并设置其模式为 Circular,外设(Peripheral)字长为 Word,存储器(Memory)字长为 Half Word,如图 8.22 所示。在下面的同步参数配置界面中,也勾选上使能参数(Enable Synchronization)和使能事件(Enable event),然后将同步信号(Synchronization signal)选择为 DMAMUX1

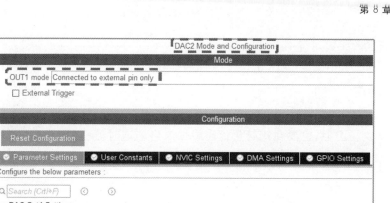

图 8.21　DAC2 的参数配置界面

channel0（DMA1 Channel1）event。由于 DAC1 用的是 DMA1 Channel1，依此方式，就可以实现两个 DAC 之间的同步（也可以在 DAC1 中配置同步信号）。

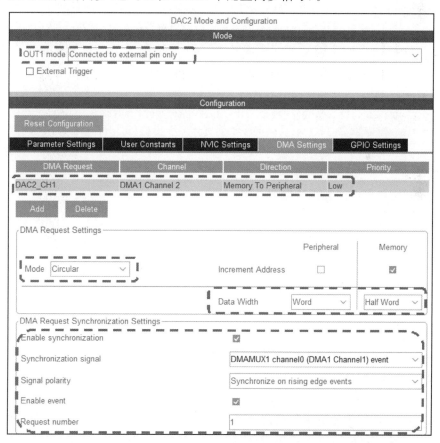

图 8.22　DAC2 的 DMA 请求参数配置界面

TIM3 的参数配置保持不变。

保存 ex_dac_multichannel_ch8.ioc 文件,启动代码自动生成。

3. 代码修改

打开 main.c,修改代码。

与前面的例子类似,也要在初始化代码中加入启动定时器、启动 DAC 的代码。由于本例中用了两个 DAC,所以要分别对它们进行初始化:

```
/* USER CODE BEGIN 2 */
HAL_TIM_Base_Start(&htim3);
HAL_DAC_Start_DMA(&hdac1, DAC_CHANNEL_1,(uint32_t * )
                SineWaveDataPh90,DAC_BUFFER_SIZE,DAC_ALIGN_12B_R);
HAL_DAC_Start_DMA(&hdac2, DAC_CHANNEL_1,(uint32_t * )
                SineWaveDataPh0,DAC_BUFFER_SIZE,DAC_ALIGN_12B_R);
/* USER CODE END 2 */
```

可用上面的 MATLAB 语句生成波形数据,存储在数组中,其中初始相位为 $90°$ 的波形幅值为 $A/2$,一个周期内的数据点数依然设为 50:

```
/* USER CODE BEGIN PV */
uint16_t SineWaveDataPh90[DAC_BUFFER_SIZE] = {3071,3063,3039,2999,2944,2876,2794,2700,2596,
2483,2364,2239,2112,1983,1856,1731,1612,1499,1395,1301,1219,1151,1096,1056,1032,1024,1032,
1056,1096,1151,1219,1301,1395,1499,1612,1731,1856,1983,2112,2239,2364,2483,2596,2700,2794,
2876,2944,2999,3039,3063
};
uint16_t SineWaveDataPh0[DAC_BUFFER_SIZE] = {2047,2304,2557,2801,3034,3251,3449,3625,3776,
3900,3994,4058,4090,4090,4058,3994,3900,3776,3625,3449,3251,3034,2801,2557,2304,2048,1791,
1538,1294,1061,844,646,470,319,195,101,37,5,5,37,101,195,319,470,646,844,1061,1294,1538,1791
};
/* USER CODE END PV */
```

在 main.h 文件中修改数组长度为 50:

```
/* USER CODE BEGIN Private defines */
#define DAC_BUFFER_SIZE (uint16_t) 50
/* USER CODE END Private defines */
```

至此,代码的修改就完成了。

编译工程并下载到硬件中,将程序运行起来。

4. 查看结果

分别用示波器查看 PA4(DAC1 通道 1 的输出)和 PA6(DAC2 的输出,在 NUCLEO - G474RE 板上通过 CN10 的第 13 引脚或 CN5 的第 5 引脚引出)引脚上的波形,如图 8.23 所示。

图 8.23 中,示波器的通道 1 对应的是 PA4,通道 2 对应的是 PA6;两路波形的相位差为 $90°$;示波器的通道 2 每格代表 2 V,通道 1 每格为 1 V。

在上面的例子中,所生成正弦波的频率为 20 kHz,这个频率可以通过修改定时器的参数

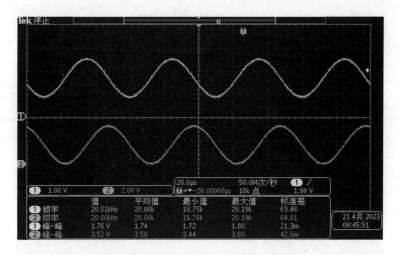

图 8.23 DAC1 和 DAC2 的输出波形图

来调整。

此外,上面输出的都是标准的正弦波,如果要输出谐波,该如何处理呢?

8.5.4 DAC 输出含谐波的正弦波形

根据上面所述的方法,如果要输出含谐波的正弦波形,关键是还要生成一个周期的含谐波信息的波形数据。

下面介绍生成一个包含基波和三次谐波的波形数据。

1. 生成含谐波波形数据的方法

首先,给出生成波形数据的 MATLAB 语句:

```
A = 4096/2 - 1;          % 信号幅值
N = 50;                   % 一个周期内的数据点数
Ph = 0;                   % 信号 1 初始相位
y1 = sin(Ph:2 * pi/N:2 * pi * (1 - 1/N) + Ph);        % 基波
y3 = sin(Ph:6 * pi/N:6 * pi * (1 - 1/N) + Ph);        % 三次谐波
SineData = ceil(0.8 * A * y1 + 0.25 * A * y3 + A);
```

上面用了两条语句分别生成基波和三次谐波,最后一句将它们按一定比例相加。根据这些语句,可以得到包含谐波的波形数据,然后将该数据放入数组 SineWaveDataPh0 中。

```
uint16_t SineWaveDataPh0[DAC_BUFFER_SIZE] = { 2047,2630,3155,3576,3858,3983,3957,3802,3558,
3275,3003,2792,2676,2676,2792,3003,3275,3558,3802,3957,3983,3858,3576,3155,2630,2048,1465,
940,519,237,112,138,293,537,820,1092,1303,1419,1419,1303,1092,820,537,293,138,112,237,519,
940,1465
};
```

在前面修改代码的时候,指定了数组 SineWaveDataPh0 送给 DAC2。

2. 查看结果

修改数组 SineWaveDataPh0 之后,编译工程并下载到硬件中,将程序运行起来。

183 ▶

分别用示波器查看 PA4 和 PA6 上波形，如图 8.24 所示。

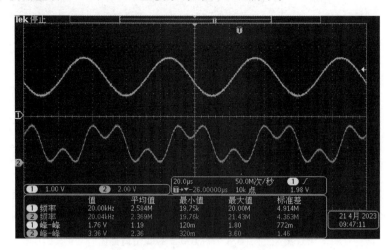

图 8.24　DAC1 和 DAC2 的输出波形图

图 8.24 中，通道 2 对应的是 DAC2 的输出，这是一个典型的叠加有三次谐波的信号。上面的波形频率都是 20 kHz，如果想得到频率 50 Hz 的信号，该如何处理呢？

3. 改变输出信号的频率

最直接的方法就是修改定时器的 Update Event 的频率。前面配置定时器 TIM3 的参数时（见图 8.19），计数器的周期设为 169，由于系统时钟频率为 170 MHz，所以定时器的 Update Event 频率为 $\frac{170\ \text{MHz}}{169+1}=1\ \text{MHz}$。由于所用波形数据的点数为 50，所以用 1 MHz 的频率提取 50 个数据需要的时间为 50 μs，对应的频率就是 20 kHz，这个结果通过示波器波形已经看到了。如果要将频率降低至 50 Hz，也就是降低 400 倍，此时可以将定时器的 Update Event 频率降低到 2.5 kHz(1 MHz/400)。由于倍数比较高，单纯修改计数器的周期值无法实现，所以需要先将定时器时钟的预分频因子修改为 169，也就是设置定时器的时钟频率为 1 MHz，然后将计数器的周期修改为 399，则定时器 Update Event 的频率为 $\frac{1\ \text{MHz}}{399+1}$，即 2.5 kHz。

TIM3 的配置参数见图 8.25。

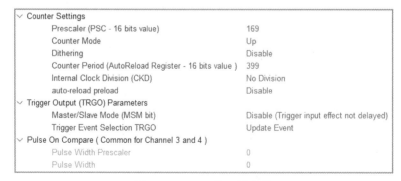

图 8.25　TIM3 的配置参数

保存文件 ex_dac_multichannel_ch8.ioc，启动代码自动生成。

编译工程并下载到硬件中,将程序运行起来。

分别用示波器查看 PA4 和 PA6 上波形,就可以看到输出信号频率已变为 50 Hz。不过,由于上面的波形在一个周期内只有 50 个点,所以波形不是很连续。

习　题

8.1 在习题 7.3 的基础上加入 DAC1(用 8.2.4 小节的代码),利用 ADC 采样 DAC 输出的模拟信号,通过串口显示结果。

8.2 在习题 8.1 的基础上,用定时器 TIM4 控制 DAC1,利用 ADC 采样 DAC 输出的模拟信号,通过串口显示结果。

8.3 搭建 Simulink 模型,实现对 DAC 输出波形的测量与显示。通过修改 TIM4 参数,改变输出信号频率(任意设定)。查看结果。

8.4 在习题 8.3 的基础上改变 TIM4 或 ADC1 中断的优先级,查看波形,分析其对结果的影响。

第9章　构建包含 ADC 和 DAC 的测量系统

第8章介绍了 DAC 输出的多种方式和产生多种波形的方法。实际上可以将 DAC 的输出作为 ADC 的输入,在手头没有信号发生器的情况下,完成 ADC 的测试等内容。从另外一个角度来说,如果构建出具备一定性能的 ADC 测量系统,结合 Simulink 看波形,就类似于 DIY 了一个"示波器",可以用于测试 DAC 和定时器(中断、PWM 输出)等模块的输出信号。

下面将结合 DAC、ADC 和串口等模块,用 ADC 采集 DAC 的输出信号,并将结果通过串口送至 PC,在 PC 上用 Simulink 模型来显示采集信号的波形。

9.1　建立新工程

还是从建立新的工程开始。

在工程建立的步骤中,选择目标器件 STM32G474RET6,并为工程起名为 ex_dac_adc_ch9,然后继续,直至工程建立完成。

9.1.1　配置 DAC

在硬件配置界面 ex_dac_adc_ch9. ioc 中先配置 DAC。打开 Analog,然后选择 DAC2,参照图 8.21 配置 DAC2。Trigger 用 Timer 3 Trigger Out event。此外,添加 DAC2 的 DMA 请求 DAC2_CH1,并设置其模式为 Circular,外设(Peripheral)字长为 Word,存储器(Memory)字长为 Half Word(参考图 8.22)。

9.1.2　配置 ADC

然后,配置 Analog 中的 ADC。选择 ADC1,本例中继续使用 ADC1 的通道 1(IN1),将其配置为单端模式(IN1 Single-ended)。具体配置参数参考图 7.12 和图 7.11(先配置 DMA,再配置其他参数;本例中 ADC 触发采用定时器 Timer 8)。

对几个关键参数的说明如下:

① 由于会用到 ADC 的 DMA 功能,故首先添加一个 ADC1 的 DMA 请求,将其模式设置为循环(Circular)。在增量地址(Increment Address)中,勾选上存储器(Memory),将数据宽度(Data Width)设置为 Half Word。

② 本例中,继续采用定时器实现对 ADC 采样频率的控制,故将 ADC 设置(ADC_Settings)参数栏中的连续转换模式(Continuous Conversion Mode)设置为 Disabled。

③ 使能 DMA 连续请求(DAM Continuous Requests)参数,将其参数选择为 Enabled。

④ 在 ADC 规则转换模式(ADC_Regular_ConversionMode)栏,将外部触发转换源(External Trigger Conversion Source)选择为 Timer 8 Trigger Out event。在 ADC 规则转换模式参数栏中,将 Rank 下的采样时间选择为 2.5 个周期。

至此,ADC 的参数就配置完毕了。

9.1.3　配置定时器

本例中,将使用 TIM3 触发 DAC,使用 TIM8 触发 ADC。

在硬件配置界面 ex_dac_adc_ch9.ioc 中打开 Timers,选择 TIM3。在其模式区中将时钟源(Clock Source)选择为内部时钟(Internal Clock),并按图 9.1 所示参数配置 TIM3。

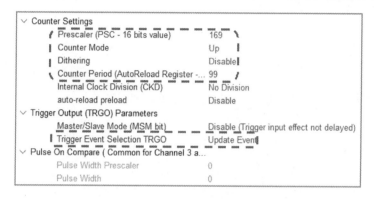

图 9.1　TIM3 的配置参数

将 TIM3 的时钟预分频因子设置为 169、计数器周期设置为 99,则系统时钟为 170 MHz 时,TIM3 的事件更新频率为 10 kHz。当一个周期波形内的数据为 200 点时,DAC 输出波形的频率即为 50 Hz。

然后,打开 TIM8 的配置界面,将其模式区中的时钟源(Clock Source)选择为内部时钟(Internal Clock),并按图 9.2 所示参数配置 TIM8。

图 9.2 中主要配置三个参数:预分频因子设置为 169,计数器周期设置为 999,触发事件选择 TRGO 设置为 Update Event。前两个参数决定着 TIM8 更新事件的周期,用于控制 ADC 的采样频率,后一个参数用作 ADC 采样的触发信号。

9.1.4　配置串口

在硬件配置界面中打开 Connectivity —> USART2,其模式(Mode)选择异步(Asynchronous),其他参数设置均保持默认(波特率为 115 200 bit/s),不开启中断。将 USART2 的两个引脚 PA2 和 PA3 均设置为上拉(Pull-up)。

9.1.5　选择时钟源和 Debug

打开 System Core 中的 RCC,在其右侧页面,高速时钟(HSE)选择 Crystal/Ceramic Resonator,使用片外时钟晶体作为 HSE 的时钟源。最后,在 SYS 中将 Debug 设置为 Serial Wire。

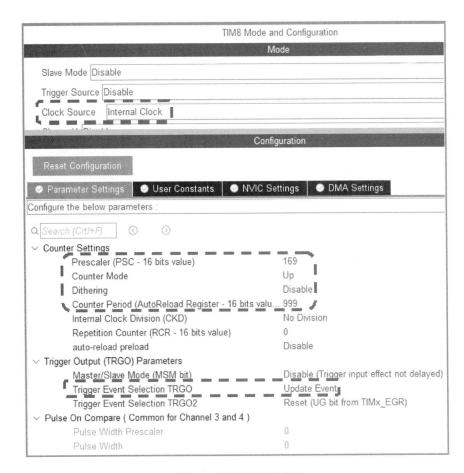

图 9.2　TIM8 的配置界面

9.1.6　配置系统时钟和 ADC 时钟

打开 Clock Configuration，将系统时钟(SYSCLK)频率配置为 170 MHz，并设置 ADC1 的时钟为 34 MHz。

至此，硬件配置就完成了。保存 ex_dac_adc_ch9.ioc 文件，启动代码自动生成。

9.2　代码修改

打开 main.c，修改代码。

9.2.1　初始化

首先，在主程序的初始化部分加入如下语句：

```
/* USER CODE BEGIN 2 */
  HAL_TIM_Base_Start(&htim3);
```

```
HAL_TIM_Base_Start(&htim8);
HAL_DAC_Start_DMA(&hdac2, DAC_CHANNEL_1,(uint32_t *)
                    SineWaveDataPh0,DAC_BUFFER_SIZE,DAC_ALIGN_12B_R);
HAL_ADCEx_Calibration_Start(&hadc1, ADC_SINGLE_ENDED);
HAL_ADC_Start_DMA(&hadc1,(uint32_t *)& ADC1ConvertedData,ADC_CONVERTED_DATA_BUFFER_SIZE);
/* USER CODE END 2 */
```

前面两个函数调用,是启动定时器 TIM3 和 TIM8,接下来的一条语句是启动带 DMA 功能的 DAC,最后两条语句是 ADC 校验及启动 ADC。

9.2.2 定义波形数据和数据存储数组

DAC 所用的波形数据在数组 SineWaveDataPh0 中,本例中继续使用前面用过的谐波数据,可用 8.5.4 小节的 MATLAB 语句产生(将数据点数改为 200)。此外,还需要定义一个用于存放 ADC 采样值的数组,把这两个数组的定义放置到 main.c 的注释对中:

```
/* USER CODE BEGIN PV */
uint16_t SineWaveDataPh0[DAC_BUFFER_SIZE] = { 2047,2147,2246,2344,2441,2536,2629,2718,2805,
2888,2968,3043,3113,3179,3240,3296,3347,3393,3433,3467,3497,3521,3540,3554,3563,3567,3567,
3564,3556,3545,3530,3514,3494,3473,3450,3427,3402,3377,3352,3328,3304,3282,3261,3241,3224,
3209,3196,3186,3179,3175,3173,3175,3179,3186,3196,3209,3224,3241,3261,3282,3304,3328,3352,
3377,3402,3427,3450,3473,3494,3514,3530,3545,3556,3564,3567,3567,3563,3554,3540,3521,3497,
3467,3433,3393,3347,3296,3240,3179,3113,3043,2968,2888,2805,2718,2629,2536,2441,2344,2246,
2147,2048,1948,1849,1751,1654,1559,1466,1377,1290,1207,1127,1052,982,916,855,799,748,702,662,
628,598,574,555,541,532,528,528,531,539,550,565,581,601,622,645,668,693,718,743,767,791,813,
834,854,871,886,899,909,916,920,922,920,916,909,899,886,871,854,834,813,791,767,743,718,693,
668,645,622,601,581,565,550,539,531,528,528,532,541,555,574,598,628,662,702,748,799,855,916,
982,1052,1127,1207,1290,1377,1466,1559,1654,1751,1849,1948};
uint16_t ADC1ConvertedData[ADC_CONVERTED_DATA_BUFFER_SIZE] = {0};
/* USER CODE END PV */
```

上面两个数组的长度可在 main.h 中进行定义:

```
/* USER CODE BEGIN Private defines */
#define DAC_BUFFER_SIZE (uint16_t) 200
#define ADC_CONVERTED_DATA_BUFFER_SIZE (uint16_t) 200
/* USER CODE END Private defines */
```

9.2.3 重定义回调函数

此外,由于 DMA 传递完规定数目的 ADC 采样值后会触发回调函数 HAL_ADC_Conv CpltCallback()的执行,所以可在该回调函数中将 ADC 的采样值通过串口发送出来。回调函数 HAL_ADC_ConvCpltCallback()的定义如下:

```
/* USER CODE BEGIN 4 */
void HAL_ADC_ConvCpltCallback(ADC_HandleTypeDef * AdcHandle)
```

```
{
    HAL_UART_Transmit(&huart2,(uint8_t *)&ADC1ConvertedData,
                        ADC_CONVERTED_DATA_BUFFER_SIZE * 2,0xFFFF);
}
/* USER CODE END 4 */
```

至此,代码的修改就完成了。编译工程并下载到硬件中,将程序运行起来。

9.2.4 查看结果

由于使用的是 DAC2,其输出引脚为 PA6。在 NUCLEO - G474RE 板上,该引脚通过 CN10 的第 13 引脚或 CN5 的第 5 引脚引出。ADC1 的 IN1 是 PA0 引脚,从 NUCLEO - G474RE 板上 CN7 的第 28 引脚或 CN8 的第 1 引脚引出。用短线将 PA6 与 PA0 连接起来。

运行第 7 章搭建的 Simulink 串口接收模型,就会在 Time Scope 上看到显示的波形,如图 9.3 所示。

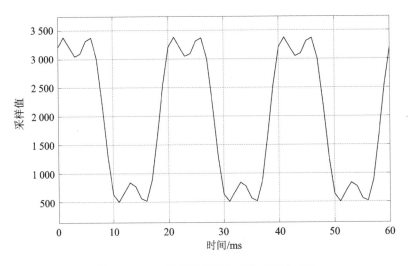

图 9.3 ADC 采样波形图(1 kHz 采样频率)

9.3 提高 ADC 采样频率

从图 9.3 所示的波形图来看,波形并不是很连续。这是因为 DAC 送出的波形是包含三次谐波的信号(基波为 50 Hz),三次谐波频率为 150 Hz,而本例中 ADC 的采样频率仅为 1 kHz,虽然满足采样定理,但采样频率还是有些偏低了(1 kHz 采样频率,采集 150 Hz 信号,每周期平均约 6.7 个点)。

9.3.1 提高 ADC 采样频率

下面尝试把采样频率提高到 10 kHz。

本例中,要提高 ADC 的采样频率,只需把 TIM8 的事件更新频率提高到 10 kHz 即可,也就是将图 9.2 中 TIM8 配置界面中的计数器周期由"999"改为"99"。

9.3.2　串口发送速度问题

除此之外,还要考虑串口的发送速度问题。

本例中,串口一次会发送 200 个 ADC 采样值,占 400 字节。参考第 7 章中的分析,串口发送 400 字节的数据,对应的二进制位数为 4 000(1 字节的数虽然只有 8 位,但串口发送时还需要起始位、停止位等,通常至少需要 10 位),由于串口波特率为 115 200 bit/s,所以发送 4 000位需要的时间为(4 000/115 200)s,约 34.7 ms。

当 ADC 采样频率为 1 kHz 时,采样一个点需要 1 ms,则 DMA 传递一次数据(200 个ADC 采样值)所需时间至少为 200 ms。串口发送所需时间(约 34.7 ms)远小于该时间,因此,可以获得正确的数据。

如果将 ADC 的采样频率提高到 10 kHz,则 DMA 传递 200 个采样点数据至少需要20 ms。如果串口模块仍然用 115 200 bit/s 的波特率,则串口发送时间大约需要 34.7 ms,大于DMA 传送所需的 20 ms,所以会发送冲突,从串口送上来的数据将会是错乱的。此时,如果还用当前的 Simulink 模块监测输出波形,则会得到图 9.4 所示的结果(图中显示了 1 s 的数据)。

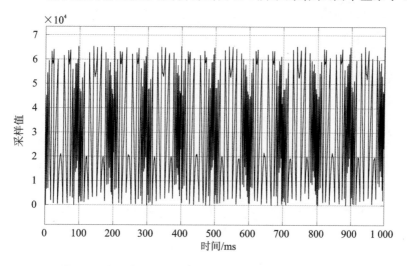

图 9.4　串口发送数据时间大于 DMA 传输时间的波形图

解决的办法是缩短串口传送数据的时间。此时,就需要考虑提高串口波特率。可以尝试在串口的配置界面中提高串口的波特率参数,譬如将波特率参数提高到 10 Mbit/s(最高为10 Mbit/s),此时串口发送 200 个 A/D 采样点只需要 0.8 ms,则上述问题就会得到解决。

9.3.3　修改硬件配置参数

在硬件配置界面 ex_dac_adc_ch9.ioc 中,对 TIM8 和 USART2 的上述参数进行修改,然后保存文件,启动自动代码生成。

编译工程,将程序下载到硬件中,并运行程序。

9.3.4　查看结果

此时,还需要再调整一下 Simulink 串口接收模型的参数。打开前面用的 Simulink 串口接收模型,将其 Serial Configuration 配置中的波特率修改为 10 000 000,将 Serial Receive 中的数据长度改为 200,模块采样时间改为 0.02 s,如图 9.5 所示。

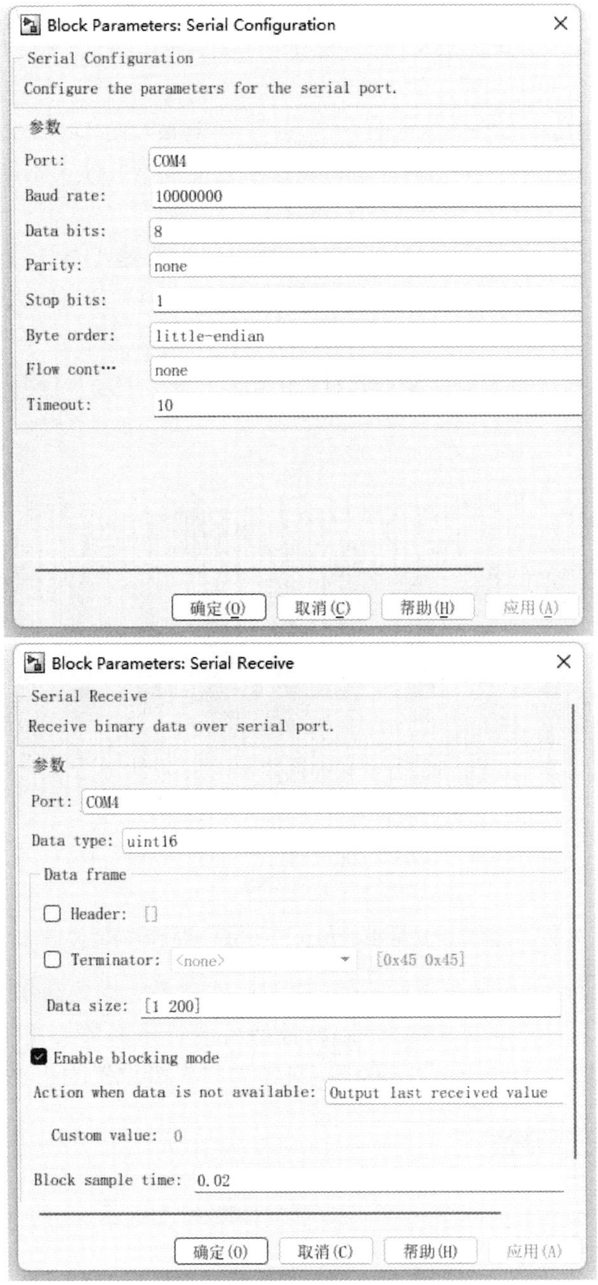

图 9.5　串口模块参数修改

然后,运行该模型,就可以得到串口送来的波形图,如图 9.6 所示。

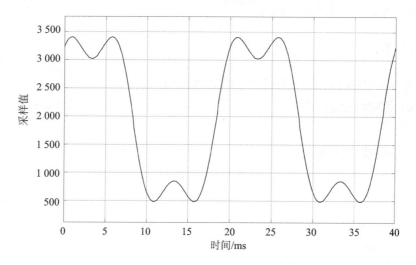

图 9.6　ADC 采样波形图(10 kHz 采样频率)

与图 9.3 中 1 kHz 采样频率的波形图相比,在 10 kHz 采样频率下,所得波形有显著改善。

在此基础上,还可以进一步提高 ADC 的采样频率,譬如到 100 kHz。

9.4　两路 ADC

上面的例子中,采用了一路 ADC 测量、一路 DAC 输出的模拟信号;因为 G474 板上有多路 ADC,所以可以在前面例子的基础上增加一路 ADC,用两路 ADC 测量两路 DAC 输出信号。下面介绍配置过程。与前面的例子相同,在此还是利用串口送出采样值数据(一个时刻送出一路,用按键 B1 切换),用 Simulink 模型看波形。

9.4.1　硬件配置

1. 配置 GPIO

由于要用到按键 B1(按键连接引脚为 PC13)切换串口发送的数据,所以可以在前例的基础上配置 PC13 为 GPIO_EXTI13,使用外部中断功能,配置参数为上升沿触发,下拉,用户标识命名为 KEY;在 NVIC 设置中选上该中断,并将其优先级设置为 1。由于后面代码中按键消抖用了 HAL_Delay 函数,所以在 NVIC 中需要将 tick timer 的抢占式优先级设为 0。

2. 配置 ADC 和 DAC

使用 ADC2 的通道 2,将其配置为单端模式(IN2 Single-ended)(PA1)。添加一个 ADC2 的 DMA 请求,将其模式设置为循环(Circular)。在增量地址(Increment Address)中,勾选上存储器(Memory),将数据宽度(Data Width)设置为 Half Word。其他参数可参看 9.1.2 小节对 ADC1 的配置。ADC2 的外部触发源选择 Timer 8 Trigger Out event,与 ADC1 相同。

参照前面配置 DAC 的方法,配置 DAC1 的 OUT1,Trigger 用 Timer 3 Trigger Out

event。此外,添加 DAC1 的 DMA 请求,并设置其模式为 Circular,外设(Peripheral)字长为 Word,存储器(Memory)字长为 Half Word。

9.4.2 代码修改

硬件配置修改完毕后启动自动代码生成,更新代码。

在 main.c 的初始化部分增加启动 ADC2 和 DAC1 的库函数,然后重定义外部中断回调函数和 ADC 回调函数。

1. 定义 DAC 波形数据

可以参照前面的例子,用 8.5.4 小节的 MATLAB 语句产生两路 DAC 所用的波形数据:一路为 50 Hz 正弦信号,另外一路为带三次谐波的正弦信号。一个周期的数据点数为 200。

2. 重定义外部中断回调函数

由于要用到按键 B1 切换串口发送的数据,所以在中断中设置了一个标志变量 SignalFlag(数据类型可定义为 uint8_t)。该变量初始为 0,每按一次加 1,按两次后又赋值为 0。

EXTI 中断回调函数的定义如下:

```
void HAL_GPIO_EXTI_Callback(uint16_t GPIO_Pin)
{
  if (GPIO_Pin == KEY_Pin)
  {
    SignalFlag++;
    if (SignalFlag == 2)
      SignalFlag = 0;
  }
}
```

3. 重定义 ADC 回调函数

由于 DMA 完成一次数据传递后就会调用一次 ADC 的回调函数,所以本例中仍旧将串口数据发送放到 ADC 的回调函数中。

在 ADC 的回调函数中,首先判断标志变量 SignalFlag 的值:如果为 0,就发送 ADC1 的采样值数据;如果不为 0,则发送 ADC2 的采样值数据。因为两路 ADC 共用一个回调函数,所以在代码中增加了 if 语句,判断当前进入中断的是哪一路 ADC。下面给出 ADC 回调函数的具体实现:

```
void HAL_ADC_ConvCpltCallback(ADC_HandleTypeDef * AdcHandle)
{
  if (SignalFlag == 0)
  {
    if (AdcHandle == (&hadc1)){
    HAL_UART_Transmit(&huart2,(uint8_t *)&FrameHeader,2,0xFFFF);
    HAL_UART_Transmit(&huart2,(uint8_t *)&ADC1ConvertedData,
                ADC_CONVERTED_DATA_BUFFER_SIZE * 2,0xFFFF);
```

```
          HAL_UART_Transmit(&huart2,(uint8_t *)&FrameTerm,2,0xFFFF);
      }
  }
  else
  {
      if (AdcHandle == (&hadc2)){
      HAL_UART_Transmit(&huart2,(uint8_t *)&FrameHeader,2,0xFFFF);
      HAL_UART_Transmit(&huart2,(uint8_t *)&ADC2ConvertedData,
                        ADC_CONVERTED_DATA_BUFFER_SIZE * 2,0xFFFF);
      HAL_UART_Transmit(&huart2,(uint8_t *)&FrameTerm,2,0xFFFF);
      }
  }
}
```

在 ADC 的回调函数中，串口发送采样值数据时，加上了数据帧的帧头（FrameHeader）和帧尾（FrameTerm）。上面代码中，帧头、帧尾各为 2 字节，实际中可以为任意数字或符号。此例中，将帧头、帧尾声明为 0x5353 和 0x4545。

4. ADC 初始化

由于增加了 DAC1 和 ADC2，所以在初始化代码中要增加启动 DAC1 和 ADC2 的库函数。完整的初始化代码段如下：

```
/* USER CODE BEGIN 2 */
HAL_TIM_Base_Start(&htim3);
HAL_TIM_Base_Start(&htim8);
HAL_DAC_Start_DMA(&hdac2, DAC_CHANNEL_1,(uint32_t *) SineWaveDataPh0,
                DAC_BUFFER_SIZE, DAC_ALIGN_12B_R);
HAL_DAC_Start_DMA(&hdac1, DAC_CHANNEL_1,(uint32_t *) SineWaveDataPh90,
                DAC_BUFFER_SIZE, DAC_ALIGN_12B_R);
HAL_ADCEx_Calibration_Start(&hadc1, ADC_SINGLE_ENDED);
HAL_ADC_Start_DMA(&hadc1,(uint32_t *)& ADC1ConvertedData,ADC_CONVERTED_DATA_BUFFER_SIZE);
HAL_ADCEx_Calibration_Start(&hadc2, ADC_SINGLE_ENDED);
HAL_ADC_Start_DMA(&hadc2,(uint32_t *)& ADC2ConvertedData,ADC_CONVERTED_DATA_BUFFER_SIZE);
/* USER CODE END 2 */
```

完整的变量声明如下：

```
/* USER CODE BEGIN PV */
//带三次谐波的波形数据不完整，需要补充数据，用前面的方法生成
uint16_t SineWaveDataPh0[DAC_BUFFER_SIZE] = {...};
//正弦波形数据不完整，需补充数据，用前面的方法生成
uint16_t SineWaveDataPh90[DAC_BUFFER_SIZE] = {...};
uint16_t ADC1ConvertedData[ADC_CONVERTED_DATA_BUFFER_SIZE] = {0};
uint16_t ADC2ConvertedData[ADC_CONVERTED_DATA_BUFFER_SIZE] = {0};
uint8_t SignalFlag = 0;
uint16_t FrameHeader = 0x5353;
uint16_t FrameTerm = 0x4545;
```

```
/* USER CODE END PV */
```

在 Simulink 接收模型的串口接收(Serial Receive)模块中,也要加上与上述代码中相同的帧头和帧尾,如图 9.7 所示。

图 9.7 在 Simulink 模型的接收模块中增加帧头和帧尾

至此,代码的修改就完成了。编译工程并下载到硬件中,将程序运行起来。

5. 查看结果

将 DAC1 和 DAC2 的输出(分别为 PA4 和 PA6)分别连接到所配置的 ADC1 和 ADC2 的输入通道上(分别为 PA0 和 PA1)。运行 Simulink 串口接收模型,就会看到 Time Scope 上显示的波形(按 B1 键,可以切换通道),所得波形如图 9.8 所示。

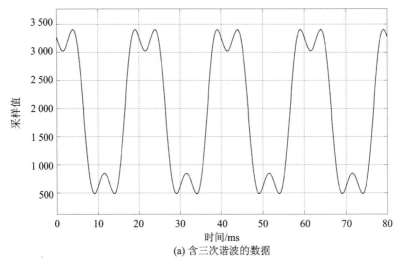

(a) 含三次谐波的数据

图 9.8 ADC 采样波形图

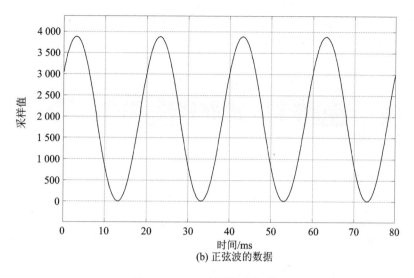

(b) 正弦波的数据

图 9.8　ADC 采样波形图(续)

习　题

9.1 实现 ADC(中断)＋DAC(DMA)方式的数据测量系统。利用 Simulink 模型查看结果。

9.2 实现 ADC(DMA)＋DAC(DMA)方式的数据测量系统。利用 Simulink 模型,查看结果。

9.3 在习题 9.2 的基础上修改参数,使得 DAC 输出信号频率分别为 50 Hz、100 Hz、200 Hz。利用 Simulink 模型查看结果。

9.4 在习题 9.3 的基础上(DAC 输出信号频率为 200 Hz)修改参数,将 ADC 的采样频率修改为 10 kHz。利用 Simulink 模型查看结果。

9.5 在习题 9.4 的基础上(DAC 输出信号频率为 200 Hz)修改参数,将 ADC 的采样频率修改为 100 kHz。利用 Simulink 模型查看结果。

9.6 在习题 9.5 的基础上,用谐波数据(基波＋三次谐波)替换 DAC 正弦波数据;修改配置参数,使 DAC 输出波形的基波为 50 Hz;ADC 采样频率为 100 kHz 不变。利用 Simulink 模型查看结果。

9.7 实现用两路 ADC 采集两路 DAC 的输出波形。利用 Simulink 模型查看结果。

9.8 设计一种可以产生多种(至少 3 种)波形的信号发生器。

波形类型:正弦、方波、三角波;基波频率为 50～100 Hz;幅值任意;波形产生方式不具体要求;输出波形切换可用 B1 键(可用连续按下的次数来判断)。

9.9 设计幅值、频率可调的正弦波信号发生器。

幅值、频率的调节,可用扩展板上的电位器(用一个电位器,配合按键 B1 进行选择,用连续按下的次数来判断);调节范围不具体要求;电位器输出采样可用 ADC2 的 IN2。信号发生器输出的采样,可用 ADC1 的 IN1,采样频率可设为 100 kHz;用 Simulink 查看结果。

附录 扩展板原理图

在第 2～4 章的编程举例中，配合 NUCLEO‐G474RE 板，用到一个扩展板，板上设置了一些接口电路，如发光二极管、按键、数码管和蜂鸣器等，这些接口电路的控制端以插针形式给出，便于通过跳线、杜邦线进行各种方式的硬件连接。扩展板原理图如下。

1. 数码管电路(见图 1)

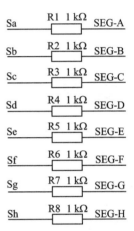

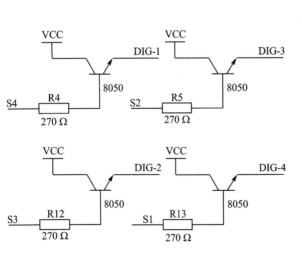

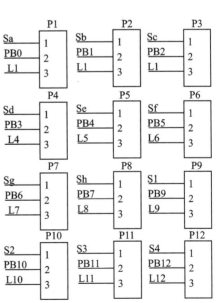

图 1 数码管电路

2. 按键电路(见图 2)

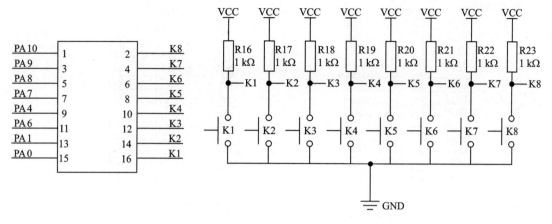

图 2 按键管电路

3. 分压器电路(电位器)(见图 3)

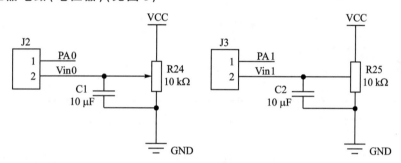

图 3 分压器电路

4. 蜂鸣器电路(见图 4)

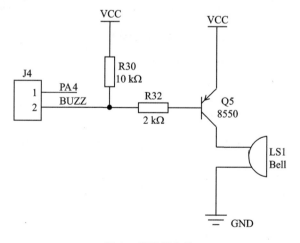

图 4 蜂鸣器电路

5. 与 NUCLEO - G474RE 板接口(见图 5)

CN1

PC10	1	2	PC11
PC12	3	4	PD2
VDD	5	6	E5V
PB8	7	8	GND
NC	9	10	NC
NC	11	12	IOREF
PA13	13	14	NRST
PA14	15	16	+3V3
PA15	17	18	+5 V
GND	19	20	GND
PB7	21	22	GND
PC13	23	24	VIN
PC14	25	26	NC
PC15	27	28	PA0
PF0	29	30	PA1
PF1	31	32	PA4
VBAT	33	34	PB0
PC2	35	36	PC1/PB9
PC3	37	38	PC0/PA15

CN2

PC9	1	2	PC8
PB8	3	4	PC6
PB9	5	6	PC5
AVDD	7	8	5 V_USB_CHGR
GND	9	10	NC
PA5	11	12	PA12
PA6	13	14	PA11
PA7	15	16	PB12
PB6	17	18	PB11
PC7	19	20	GND
PA9	21	22	PB2
PA8	23	24	PB1
PB10	25	26	PB15
PB4	27	28	PB14
PB5	29	30	PB13
PB3	31	32	AGND
PA10	33	34	PC4
PC4/PA2	35	36	NC
PC5/PA3	37	38	NC

图 5　与 NUCLEO - G474RE 板接口

6. 发光二极管电路(见图 6)

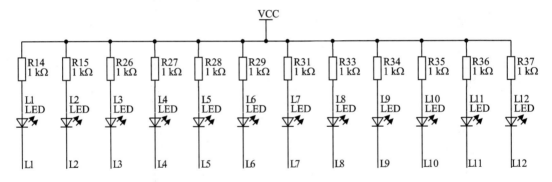

图 6　发光二极管电路

7. 电源端子及指示灯电路(见图 7)

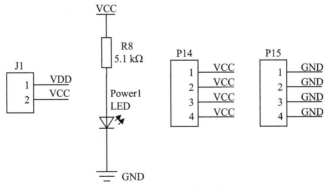

图 7　电源端子及指示灯

参考文献

［1］STMicroelectronics. STM32G4 Series advanced Arm$^{©}$-based 32-bit MCUs：Reference manual. (2022-02)［2023-02-22］. https：//www. st. com/resource/en/reference_manual/ rm0440-stm32g4-series-advanced-armbased-32bit-mcus-stmicroelectronics. pdf.

［2］STMicroelectronics. STM32G4 Nucleo-64 boards（MB1367）：User Manual. (2021-02)［2023-02-22］. https：//www. st. com/content/ccc/resource/technical/document/user_manual/ group1/b2/79/ff/9e/f2/ea/44/cb/DM00556337/files/DM00556337. pdf/jcr：content/trans-lations/en. DM00556337. pdf.

［3］STMicroelectronics. Nucleo64 STM32G4：G474RE-C04 Board schematic. （2021-01）［2023-02-22］. https：//www. st. com/content/ccc/resource/technical/layouts_and_dia-grams/schematic_pack/group1/69/2a/24/ce/d1/1b/45/21/mb1367-g474re-c04_schematic/ files/mb1367-g474re-c04_schematic. pdf/jcr：content/translations/en. mb1367-g474re-c04_ schematic. pdf.

［4］张洋,左忠凯,刘军. STM32F7 原理与应用：HAL 库版. 北京：北京航空航天大学出版社, 2017.

［5］张洋,刘军,严汉宇,等. 原子教你玩 STM32：库函数版. 2 版. 北京：北京航空航天大学出版社,2015.

［6］漆强. 嵌入式系统设计：基于 STM32CubeMX 与 HAL 库. 北京：高等教育出版社,2022.